食品知識ミニブックスシリーズ

自動販売機入門

黒崎　貴 著

日本食糧新聞社
Nissyoku

「自動販売機入門」発刊にあたって

わが国において自動販売機は、流通の合理化、省力化機器として発展し、各種分野に裾野が広がっている。その普及率は世界に比類なきもので、今や、国民生活に必要不可欠の社会施設として生活者に利便を提供している。

しかしながら、一方ではあまりの日常性のためか、自動販売機に対する一般生活者の理解度は、かならずしも高いものとはいえない。例をとれば、自動販売機の製造企業の知名度である。はたして、自動販売機メーカーの名前をあげることのできる人がどれだけいるだろう。おそらく飲料メーカーの名前をあげる人が大半ではないだろうか？

また、省エネなどの環境問題について他の業界に先駆けて先進的に取り組んでいることや、災害時の飲料無償提供などの自販機を活用した社会・地域貢献に対する認知度が低いことも否めない。

このような状況を生み出したのは、ＢtoＢ製品との認識から世間一般に対するＰＲ活動を怠ってきた、われわれ自動販売機メーカー業界の責任に帰するところが多いだろう。

本書は、主として飲料・食品業界関係者を対象に執筆されたものであるが、そのご家族、関係者などにお読みいただいても「なるほど！自動販売機とはこんなものだったのか」と思っていただけるような内容も含まれるので、是非ともご高覧いただきたい。

平成28年８月
著者

目　次

第1章　自動販売機の定義と産業構造……1
1　自動販売機の定義……1
2　自動販売機産業の構造……2
(1)　プレイヤー……2
(2)　飲料自動販売機の管理運営形態……4
第2章　概　況……7
1　普及台数および年間自販金額……7
2　出荷の推移……11
3　輸出入状況……11
第3章　自動販売機普及の軌跡……15
1　普及した概念的要因……15
2　普及した具体的な要因……15
(1)　治安の良さ……16
(2)　硬貨の大量流通……16
(3)　乗車券自動販売機の導入……17
(4)　缶コーヒーとH&C自動販売機の開発……18
(5)　特有の自動販売機管理運営形態……19
第4章　自動販売機の歴史……21
1　前史……21
(1)　世界初の自動販売機……21
(2)　欧米での発展……22
(3)　日本最初の自動販売機……23
2　創成期……25
(1)　大正期……25
(2)　昭和前期……28
3　始動期……28
(1)　戦後混乱期……28
(2)　10円ジュース自動販売機の爆発的人気……29
(3)　コーラ自動販売機の隆盛……30
(4)　オートパーラーの開業……31
(5)　飲料自動販売機の多様化……32

4 激動期……32
(1) 訪問販売業者の参入と社会問題化……32
(2) 管理責任の明確化……34
(3) H&C自動販売機の登場……35
(4) 食品衛生の確保……36
(5) 設置安全対策の推進……37
5 安定成長期……38
(1) 道路はみ出し問題への対応……38
(2) PETボトル自動販売機の登場……39
(3) 偽造・変造通貨との戦い……39
(4) 新紙幣発行への対応……40
(5) 自動販売機狙いの撲滅……41
(6) 地方公共団体による自動販売機規制……42
(7) 自動販売機による社会貢献……43
第5章 自動販売機の構造と要素技術など……45
1 飲料自動販売機の構造……45
(1) 金銭管理部……45
(2) 商品保存部・販売部……45
(3) 冷却・加温部……46
(4) 制御部……47
(5) 接客部……47
(6) 筐体《きょうたい》……48
2 飲料自動販売機特有の要素技術等……48
(1) ホット&コールド飲料自動販売機……48
(2) サーペンタイン方式……48
(3) 通貨の認識……49
第6章 環境問題への対応……53
1 オゾン層保護……53
(1) 冷媒の変遷……53
(2) フロン/代替フロンの回収……55
2 3Rの推進……58
(1) 自動販売機の製品アセスメント……58
(2) 使用済み自動販売機の適正廃棄……58
3 地球温暖化防止……60

(1) 地球温暖化防止 …… 60
(2) グリーン購入法 …… 65

第7章　自動販売機を取り巻く環境の変化 …… 70

1　経済環境の変化 …… 70
(1) コンビニエンスストアとの競合 …… 70
(2) 自動販売機設置にかかる入札 …… 71
(3) 販売方法の再考 …… 71

2　社会環境の変化 …… 73
(1) 自動販売機の環境対応 …… 73
(2) 災害対応自動販売機 …… 73
(3) ユニバーサルデザインタイプ自動販売機 …… 74
(4) 景観との調和 …… 75
(5) さらなる安全設置対策 …… 76

3　さらなる省力化・合理化要請 …… 77
(1) キャッシュレス化 …… 77
(2) 自動販売機情報管理システム …… 81
(3) 自動販売機のネットワーク化 …… 83

第8章　地域との連携やコラボレーション …… 86

1　地域との連携 …… 86
(1) 自動販売機でしかできないことを求めて …… 86
(2) マイクロコミュニティーとの連携 …… 88

2　異業種とのコラボレーション …… 90
(1) 街角ステーション構想 …… 91
(2) ポイント制度の導入 …… 91
(3) マーケットリサーチ …… 95
(4) 自動販売機管理センターの構築 …… 95

3　東日本大震災と自動販売機 …… 97
(1) 飲料自動販売機の消費電力 …… 98
(2) 電力不足への対応 …… 99

4　自動販売機の近未来像
―「あってよかった」から「ないと困る」へ― …… 100

第9章　海外の自動販売機事情 …… 103

1　米国 …… 103
2　ヨーロッパ …… 104

3 中国……106
4 海外における自動販売機展……113

第10章 飲料自動販売機に関連する主な法規……114
1 食品衛生法……114
(1) 営業許可……114
(2) カップ式自動販売機内の液体の温度……114
(3) 牛乳自動販売機における商品保存温度……115
(4) 設置場所に関する規定……116
2 道路法、道路交通法……116
(1) 自動販売機の公道上への設置……116
(2) 自動販売機の私道への設置……117
3 消防法……117
(1) 自動販売機を設置できない場所……118
(2) ガソリンスタンドへの自動販売機の設置……118
4 製造物責任法……119
(1) 自動販売機の利用者の事故……119
(2) 自動販売機で調理された商品の欠陥による事故……120
(3) 整備業者等が改造した自動販売機で発生した事故……120
5 容器包装リサイクル法……121
(1) 法の対象となる容器（自動販売機関係）＝特定容器……121
(2) 特定容器利用事業者……122
(3) 飲料メーカーなどの責務……122
6 廃掃法……123
(1) 使用済自動販売機の処理……123
(2) マニフェストの交付、管理……123
7 フロン回収破壊法……124
(1) フロン類と特定製品……125
(2) 事業者の責務……125
(3) 行程管理票の交付……125
8 表示に関する規定……126

(1) 自動販売機に対する
統一ステッカー貼付の実施要綱 …… 126
(2) 統一美化マーク …… 127
(3) 住所表示ステッカー …… 128
(4) グリーン購入法に基づく表示 …… 128

〔付録1〕 飲料自動販売機トリビア …… 129
1 日本と欧米の缶飲料自動販売機の違い …… 129
2 なぜ飲料自販機では、
1円や5円硬貨が使えないのか？ 130
3 なぜ高額紙幣を受け入れないのか？…… 130
4 売切れランプが点灯していても、
庫内には在庫がある!? …… 131
〔付録2〕 自動販売機のある昭和の風景 … 131
〔付録3〕 自販機ロケーション大賞 …… 139
〔付録4〕 近年の自販機トピックス …… 148

第1章 自動販売機の定義と産業構造

1 自動販売機の定義

「自動販売機とは？」と問われたとき、正確に答えられる人は少ないのではないか。

総務省の「日本標準商品分類」によれば、自動販売機は大分類6「その他の機器」の中分類58「自動販売機及び自動サービス機」に分類されている。さらに、小分類58 1で「自動販売機」、同58 2で「自動サービス機」に細分化されている。

では、業界における一般的な定義は、いかなるものだろうか？

定説としては、「通貨もしくはそれに代替するものの投入・挿入等により、自動的に物品の販売またはサービスを行う機器」である。

通貨に代替するものとしては、電子マネー、クレジットカード、デビットカード、プリペイドカードなどが存在している。

①「自動販売機」の定義

小分類における自動販売機とは、前述の条件を満たし飲料、食品、たばこ、日用品雑貨などの物品や乗車券、食券などを販売する機器であることが、簡単におわかりいただけると思う。

②「自動サービス機」の定義

自動サービスとは、何を指すのだろうか？

自動販売機業界では、提供するサービスにより3つに大別している。

1つ目は、場所の提供をする機器である。代表的なものとしては、コインロッカーがあげられる。

2つ目は、物品の貸出を行う機器である。ゴルフボールの貸出機、CD・DVDなどのレンタルマシンが該当する。

3つ目は、両替、精算を行う機器で、両替機（金融機関に設置されているものは除く）や駐車場・ホテル・病院などの料金自動精算機などがある。

余談となるが、「両替」は本来商いであり、両替手数料を取られた。現在での金融機関で一定金額以上を両替する場合などでは、手数料が派生することもある。もちろん、現在の自動サービス機の両替機は、ノーコミッションである。

③ 自動販売機でないもの

通貨を取り扱う機器であってもゲームセンターなどの娯楽機器、銀行などのATMや両替機は、自動販売機に該当しない。

なお、自動改札機は、業界では自動サービス機として扱っていないが、日本標準商品分類では自動サービス機に分類されている。

2 自動販売機産業の構造

ここで、本論に入る前に自動販売機産業の構造について簡単に説明する。

(1) プレイヤー

自動販売機産業に関係するプレイヤーは、次のように大別される。

・自動販売機メーカー
・通貨関連機器メーカー
・中身商品メーカー
・オペレータ
・ロケーションオーナー

・設置、整備事業者

① **自動販売機メーカー**

現時点における主たる自動販売機メーカーは、以下の通りである。

・飲料自動販売機……富士電機、サンデン・リテールシステム、パナソニック、クボタ

・たばこ自動販売機……グローリー、芝浦自販機、富士電機、クボタ

・券類自動販売機……高見沢サイバネティックス、日本信号、オムロンソーシアルソリューションズ、シンフォニアテクノロジー、NECマグナスコミュニケーションズ

② **通貨関連機器メーカー**

硬貨選別装置、紙幣識別装置、カード読取装置などを製造する企業で、日本コンラックス、パナソニック、富士電機、サンデン・リテールシステムなどがある。

③ **中身商品メーカー**

自動販売機で販売する商品＝飲料、食品、たばこなどのメーカーを指す。

④ **オペレータ**

自動販売機の管理運営を生業とする事業者。中身商品メーカーが兼業するケースもある。

⑤ **ロケーションオーナー**

ロケーション（自動販売機の設置場所、以下同じ）の所有者もしくは管理者。後述するが、自らオペレータ業務を行う場合もある。

⑥ **設置、整備事業者**

自動販売機のロケーションへ設置作業、故障時などのメンテナンスなどを生業とする事業者。

なお、飲料自動販売機に関係する業界団体とし

て、次のような団体がある。
・一般社団法人日本自動販売機工業会……自動販売機メーカー、通貨関連機器メーカーの集まり。通称、ＪＶＭＡ。
・一般社団法人全国清涼飲料工業会……清涼飲料メーカーの集まり。通称、全清飲。
・日本自動販売協会……オペレータの集まり。通称、ＪＡＭＡ。
・日本自動販売機保安整備協会……設置、メンテナンス事業者の集まり。通称、自保協。
・清涼飲料自販機協議会……先の4団体で構成。省エネ、安全設置など飲料自動販売機にかかわる案件を業界横断的に協議する機関。

(2) 飲料自動販売機の管理運営形態

缶・ボトル飲料自動販売機の管理運営形態は、フルサービス方式とレギュラーサービス方式に分けられる。

① フルサービス

中身商品メーカーもしくはオペレータがロケーションを開拓し、ロケーションオーナーとの契約の下に自動販売機を設置した後、商品の配送・補充、売上金の回収、釣銭の補充、自動販売機回りの清掃、空容器の回収・リサイクルなど、自動販売機の管理運営に関するすべての作業を行う形態。

オフィス、工場、公共施設、学校などのロケーションでは、フルサービスが主流である。

ロケーションオーナーに対しては、ロケーションマージンもしくはロケーションフィーと呼ばれる一種のテナント料のようなものが売上げに応じて支払われる。電気使用料は、一般的にこの中に含まれる。

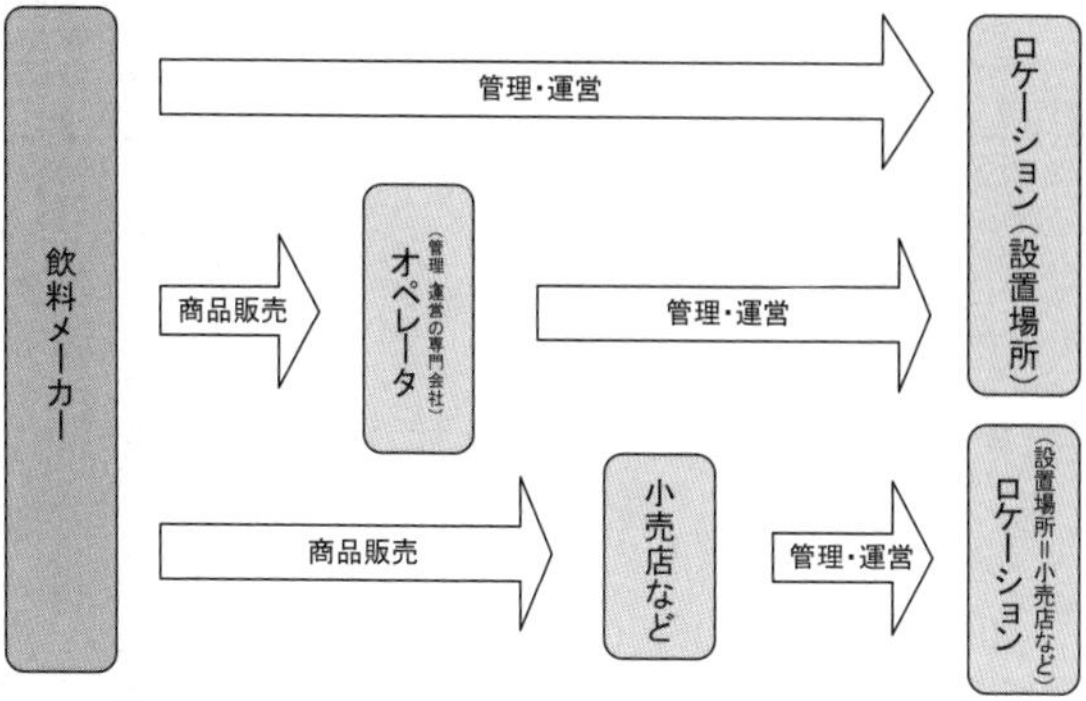

図表１－１　自販機の管理・運営と商品の流れ

図表１－１に示す上段および中段のフローがフルサービスの流れである。上段のフローは、飲料メーカーが自ら管理運営するケース。中段のフローは、オペレータが飲料メーカーから貸与された自動販売機を管理運営するケース。オペレータが自ら自動販売機を購入し、管理運営するケースもある。このケースでは、複数の飲料メーカーの商品が販売されることが多い。

② レギュラーサービス

飲料メーカーから貸与された自動販売機をロケーションオーナーが自ら管理運営し、オペレータ業務を実施する形態。

飲料メーカーが担うのは、自動販売機の設置、商品の配送、自動販売機の修理・撤去のみとなる。

商店の店頭に設置されている自動販売機は、レギュラーサービスによるケースが多い。レギュラーサービスは日本独特の方式で、欧米ではほとんど見られない。

なお、カップ式自動販売機は、ほぼ100%オペレータもしくは飲料メーカーによるフルサービスである。

第２章　概　況

わが国で自動販売機が高普及を果たす過程については次章で述べるが、その前段として本章では、統計的なことについて説明する。

１　普及台数および年間自販金額

自動販売機の普及台数（市場で稼働している台数、以下同じ）および年間自販金額（自動販売機で販売・提供された商品・サービスの年間売上金額、以下同じ）の統計は、昭和39（１９６４）年に始まる。

同年末での普及台数は23万６７００台、年間自販金額は７９５億３１２０万円で、普及台数は現在の20分の１弱、自販金額は50分の１にも満たなかった。

その後、普及が進み、昭和44（１９６９）年には１００万台を超えた。以降も図表２―１でわかる通り普及台数は急速に伸び、48（１９７３）年には２００万台を、51年には３００万台を、54年には４００万台を突破した。３～４年の間隔で１００万台のオーダーで進展したことになる。

そして昭和59（１９８４）年には、遂に５００万台の大台に達した。

その後、伸びは緩やかになり平成27（２０１５）年末では５０１万１６００台となっている。

一方、年間自販金額も、昭和49（１９７４）年には１兆円を超え、53年に２兆円台、56年に３兆円台、62年に４兆円台、平成元年に５兆円台と順調に進展し、平成３年に６兆円台に乗った（図

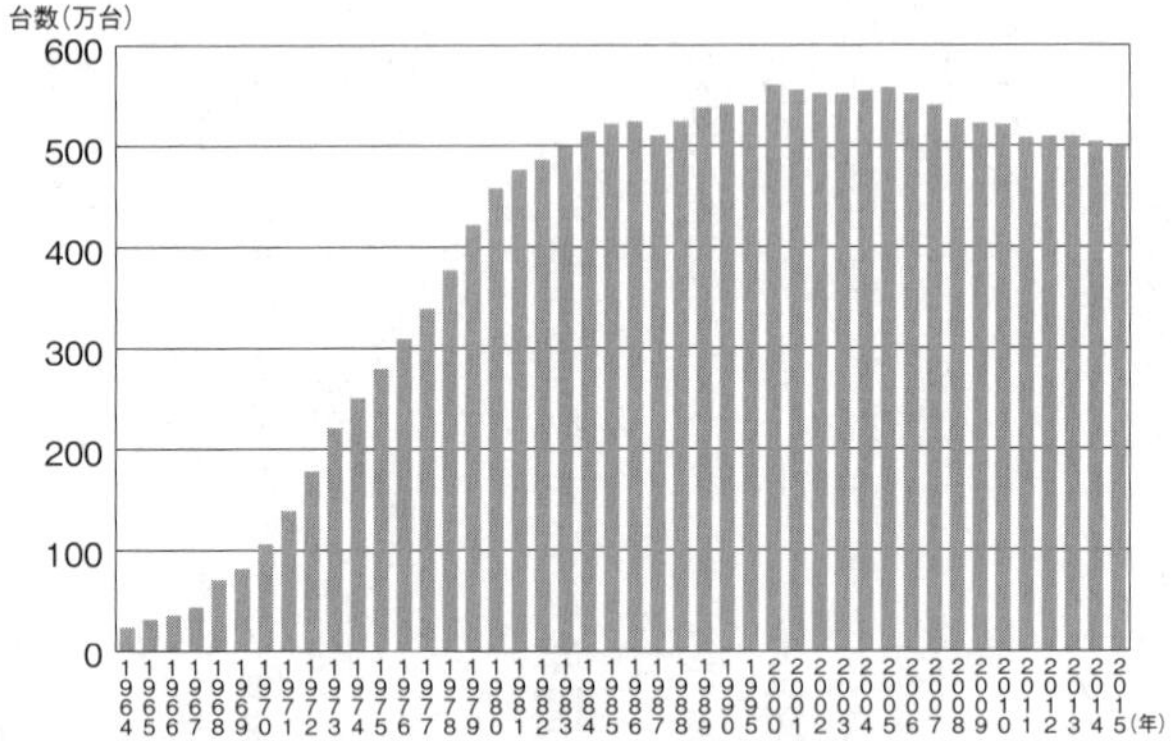

図表２－１

自動販売機普及台数

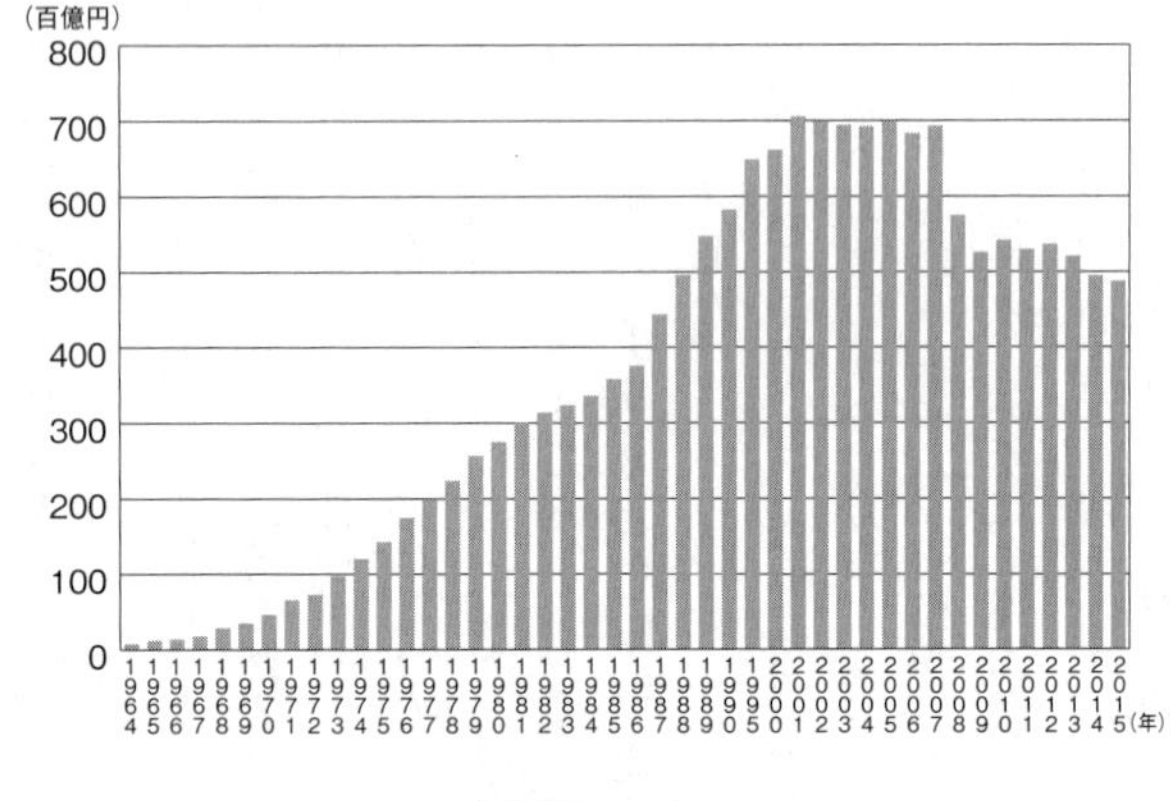

図表２－２

自動販売機年間自販金額

図表2－3 自動販売機普及台数および年間自販金額

（単位：台、百万円、％）

種類	中身商品例	普及台数	前年比	自販金額	前年比
飲料自動販売機	清涼飲料	2,188,000	99.3	1,822,604	97.3
	牛乳	161,000	98.2	134,113	96.2
	コーヒー・ココア(カップ式)	174,000	99.4	143,202	97.4
	酒・ビール	25,700	96.6	33,410	96.6
飲料小計		2,548,700	99.2	2,133,329	97.3
食品自動販売機	インスタント麺・冷凍食品・アイスクリーム・菓子他	69,400	99.7	54,132	99.7
たばこ自動販売機	たばこ	212,400	90.8	255,603	78.1
券類自動販売機	乗車券	15,200	105.6	1,454,108	100.3
	食券・入場券他	32,600	114.4	374,719	117.8
券類小計		47,800	111.4	1,828,827	103.4
日用品雑貨自動販売機	カード（プリペイド式他）	721,900	100.1	413,600	100.1
	その他（新聞、衛生用品、玩具他）	139,000	98.5	53,372	98.5
日用品雑貨小計		860,900	99.8	466,972	99.9
自動販売機合計		3,739,200	99.0	4,738,863	98.5
自動サービス機	両替機	59,500	100.5	－	－
	各種貸出機	17,000	96.0	－	－
	コインロッカー・精算機他	1,186,000	100.4	142,320	100.4
自動サービス機小計		1,262,500	100.4	142,320	100.4
合計		5,001,700	99.3	4,881,183	98.6

注 ：2015年末現在、金額は1～12月。

表２―２）。20年のリーマンショック以降の経済情勢の悪化、成人識別機能 taspo の導入にともなうたばこ自動販売機の自販金額の低下、コンビニエンスストアのカウンターコーヒーとの競合などにより年間自販金額も低迷し、27年には４兆８８１１億８３２０万円となった。

普及台数、年間自販金額に占める割合がもっとも大きい分野は、飲料自動販売機分野である（図表２―３）。

図表２―４に示す通り、飲料自動販売機分野のシェアは、普及台数で51・０％、年間自販金額で43・７％となり、この傾向は近年ほとんど変化がない。

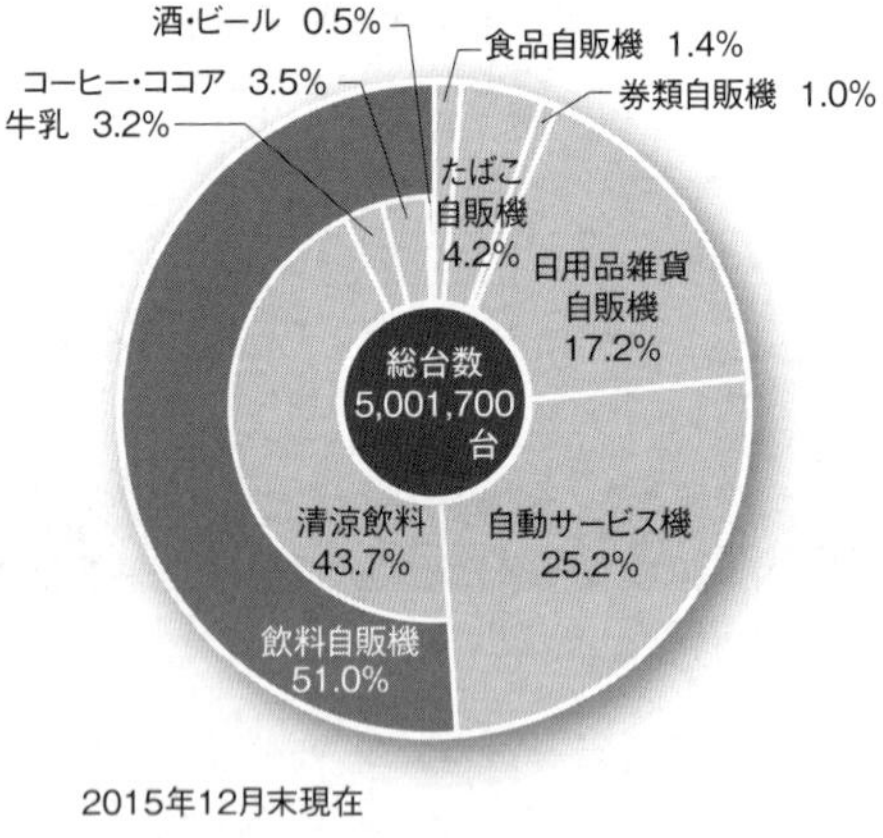

2015年12月末現在

図表２－４　機種別普及比率

2 出荷の推移

自動販売機出荷統計は昭和37（1962）年に始まり、同年の出荷台数はわずかに1万4279台、21億3965万円に過ぎなかった。

その後の普及台数の増加にともない出荷も好調に推移し、平成元（1989）年には71万5679台、3205億6599万円となった。

しかし、その後のバブル経済崩壊による景気の低迷、省資源などから1台当たりの使用年限が伸び、普及台数も頭打ちになったことから出荷も減少傾向となっている。

27年の出荷は、前年比11・3％減の28万5640台とかつてない厳しい状況となった。出荷が大幅に減少した要因としては、コンビニエンスストアのカウンターコーヒーとの競合により飲料自動販売機のパーマシンが減少したこと、大手飲料メーカーによる競合他社の自動販売機部門買収にともなう自動販売機投資効率の見直しなどにより、飲料メーカーの新台導入意欲が鈍ったことによる。

出荷台数と出荷金額の推移を図表2—5、図表2—6に示す。

3 輸出入状況

財務省の貿易統計によれば、平成27年（1～12月）の自動販売機の輸出は、1万2786台（前年比9％増）、10億6344万6000円（同3・3％増）となり、台数、金額ともに増加したものの、国内出荷の5％に満たない（図表2—7）。

主な輸出先は、マレーシア、台湾、タイで、こ

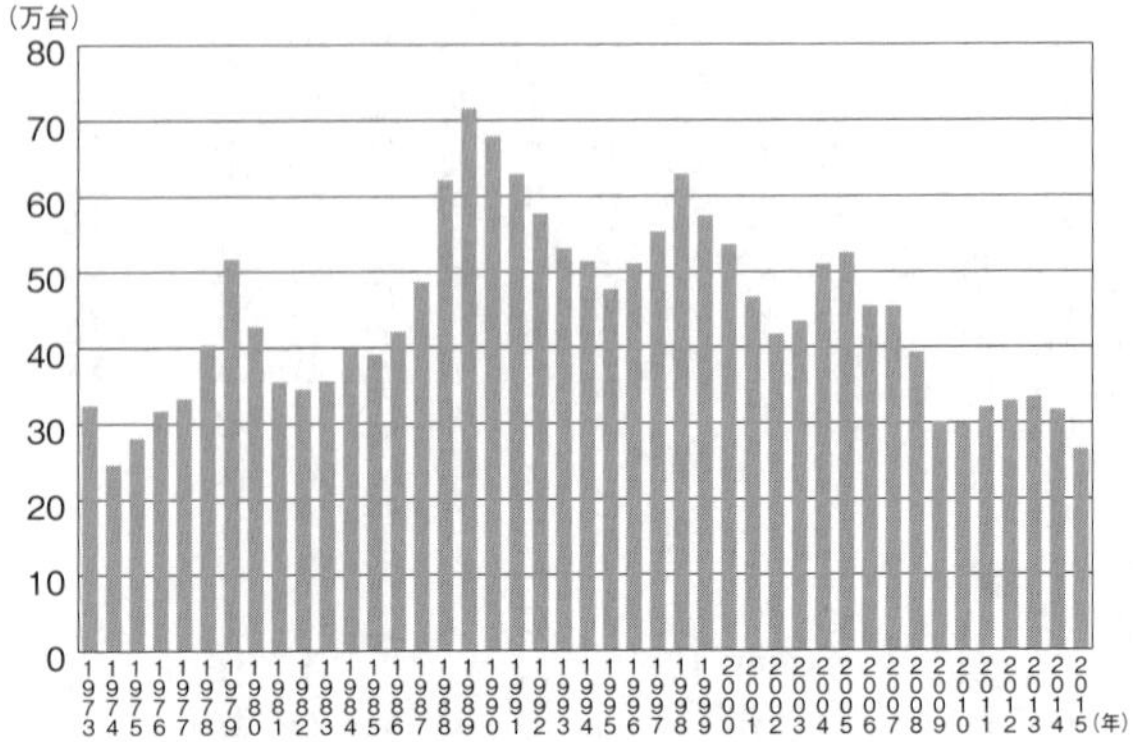

図表２－５　出荷数量推移

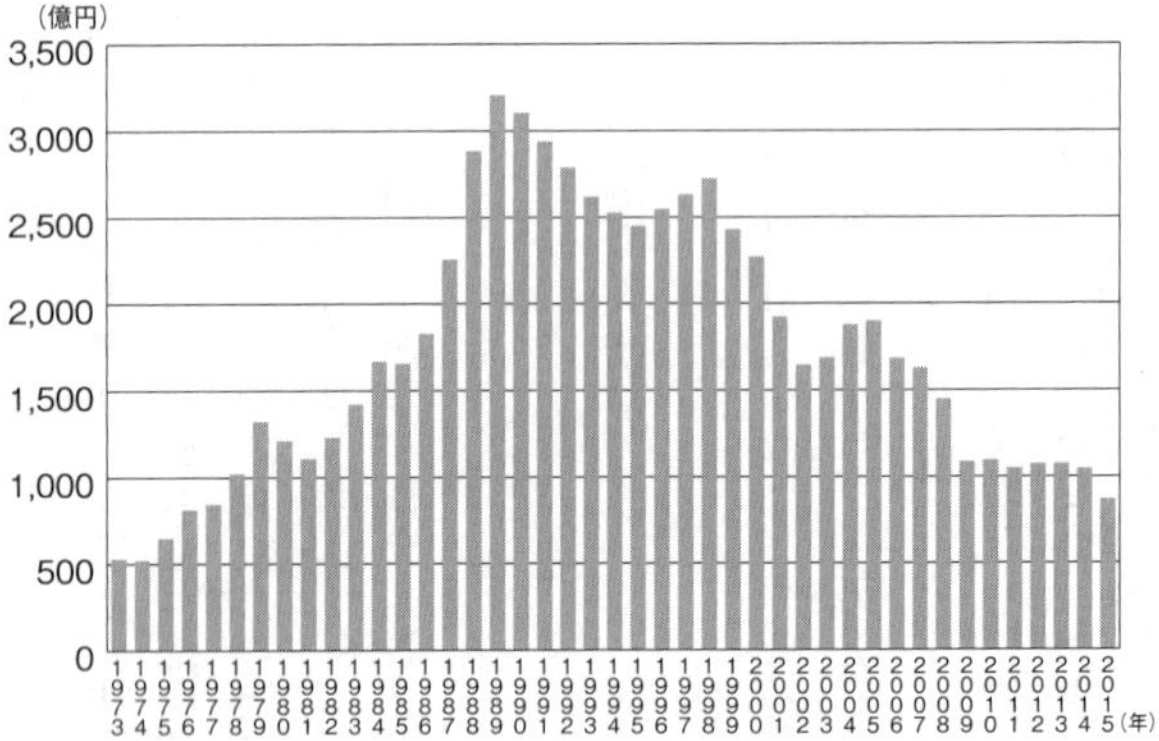

図表２－６　出荷金額推移

図表2－7　自動販売機輸出入実績

（輸出）

国名	飲料の自動販売機		その他の自動販売機				合計	
			加熱装置又は冷却装置を自蔵するもの		その他のもの			
	数量(台)	金額(千円)	数量(台)	金額(千円)	数量(台)	金額(千円)	数量(台)	金額(千円)
マレーシア	4,924	180,796	－	－	3	267	4,927	181,063
台湾	3,021	185,272	－	－	－	－	3,021	185,272
タイ	2,141	98,892	－	－	－	－	2,141	98,892
シンガポール	782	64,797	8	384	－	－	790	65,181
香港	721	234,445	1	669	2	2,486	724	237,600
ロシア	400	80,298	－	－	－	－	400	80,298
フィリピン	278	28,729	－	－	－	－	278	28,729
中華人民共和国	178	24,015	1	351	－	－	179	24,366
モンゴル	74	13,320	－	－	－	－	74	13,320
アラブ首長国連邦	50	33,789	－	－	－	－	50	33,789
フィンランド	40	8,335	－	－	－	－	40	8,335
オーストラリア	2	3,570	－	－	－	－	2	3,570
大韓民国	1	886	－	－	45	13,619	46	14,505
アメリカ合衆国	35	763	－	－	56	25,779	91	26,542
インド	－	－	－	－	23	61,984	23	61,984
合計	12,647	957,907	10	1,404	129	104,135	12,786	1,063,446
EU	40	8,335	－	－	－	－	40	8,335

（輸入）

国名	飲料の自動販売機		その他の自動販売機				合計	
			加熱装置又は冷却装置を自蔵するもの		その他のもの			
	数量(台)	金額(千円)	数量(台)	金額(千円)	数量(台)	金額(千円)	数量(台)	金額(千円)
フィリピン	－	－	－	－	22,136	329,695	22,136	329,695
インドネシア	21,682	5,453,964	－	－	46	9,531	21,728	5,463,495
中華人民共和国	490	10,496	702	20,139	4,437	38,034	5,629	68,669
大韓民国	67 （6）	14,555 (2,585)	117	54,088	81	7,596	265	76,239
タイ	39	10,349	6	1,583	6,854	122,624	6,899	134,556
台湾	－	8904	28	7,140	107	3,351	135	10,491
アメリカ合衆国	15	2563	－	－	227	11,999	242	20,903
ドイツ	7	501	5	2,633	－	－	12	5,196
イタリア	1	－	2	713	－	－	3	1,214
マレーシア	－	－	－	－	58	1,302	58	1,302
スペイン	－	－	－	－	22	402	22	402
イスラエル	－	－	－	－	11	20,488	11	20,488
合計	22,301	5,501,332	860	86,296	33,979	545,022	57,140	6,132,650
EU	8	3,064	7	3,346	22	402	37	6,812

資料：財務省「貿易統計」
注　：飲料の自販機は、加熱装置または冷却を自蔵するもの。ただし、韓国の輸入はその他のものを含み、（　）は内数でその他のもの。

の３カ国で全体の台数79％、金額44％を占める。単価から中古の飲料自動販売機と推察される。

近年発展の目覚ましい中国への輸出は１７８台、２４０１万５０００円に過ぎない。これは、中国国内での供給が増加していることによるものと思われる。

一方、輸入は５万７１４０台（前年比18・８％減）、61億３２６５万円（同22・９％減）と台数、金額ともに大幅な減少となった。減少の主な要因としては、国内市場の低迷にともない、インドネシアからの日本向け飲料自動販売機の半製品の輸入が減少したことがあげられる。

主な輸入国は、フィリピンとインドネシアで、この２カ国で台数の77・７％、金額の94・５％を占める。インドネシアから輸入されたものは、前述の通り飲料自動販売機だが、フィリピンからのものは単価が１万５０００に満たない低単価のもので、カプセル玩具自動販売機（通称、ガチャガチャ）と思われる。

その他の主な輸入国としては中国、タイで、注目されるのは中国から単価20万円程度の飲料自動販売機が４９０台も輸入されていることだ。輸入元については確認する手段がないので、何処に設置されているかは不明である。

第３章

自動販売機普及の軌跡

わが国における自動販売機産業の高成長の過程を語る前に、世界に比類なき高普及を遂げた要因について述べる必要があろう。

具体的な要因は後々述べるが、まず、概念的なものを、私見を交え紹介する。

1　普及した概念的要因

概念的な要因としては、日本人のロボットに対する感情が大きく影響しているのではないかということである。

そもそも日本における漫画、映画などの世界では、ロボットは正義の味方であるが、欧米では人間に敵対する側に回っていることが多い。

自動販売機は物品販売を担う一種のロボットであり、ロボットに悪感情をもたない国民の多くが違和感なく接することができたことが、自動販売機が受け入れられた要因の根底にあるのではないだろうか？

2　普及した具体的な要因

さて、自動販売機高普及にいたる具体的な要因に言及することにしよう。

主な要因としては、治安の良さ、硬貨の大量流通、乗車券自動販売機の導入、缶コーヒーの登場とホット&コールド自動販売機の開発、特有の管理運営形態があげられる。

⑴ 治安の良さ

まず、あげられるのは、治安の良さである。

わが国における自動販売機産業が本格化した昭和30年代後半は、戦後の混乱期を脱し、経済も安定し始めたことから、街の治安も大変よい状態となった。このことは、自動販売機にとって非常に有利な状況を生み出した。すなわち、盗難などの犯罪をあまり心配することなく屋外設置が可能になったことである。

自動販売機先進国であった欧米では、自動販売機の売上金の盗取だけでなく、自動販売機本体を持ち去る犯罪などが懸念されたことから、ロケーションは屋内が主流で、屋外に設置されることは稀であった。このことは、現在にいたってもほとんど変わっていない。

では、日本の自動販売機産業にとって屋外設置がどのようなメリットをもたらしたのか？ それは、不特定多数の生活者の自動販売機利用を促進したことである。

屋内のロケーションとしては、オフィス、工場、学校、公共施設、駅、空港などがあげられる。このうち公共施設、空港、駅を除くと、特定の利用者に偏るロケーションになる。

一方、屋外のロケーションは、屋内ロケーションと異なり通行人など不特定多数が利用する機会を創出し、売上げアップに寄与するとともに、自動販売機の認知度向上にも寄与し、その普及を促進した。

⑵ 硬貨の大量流通

昭和47（1972）年、100円硬貨が銀貨から白銅貨へ、50円硬貨がニッケル貨から白銅貨に

改鋳された。改鋳の理由は、

・経済成長にともない自動販売機や硬貨計数機などの普及が進み始めたにもかかわらず、１００円硬貨などの流通量が十分でなく、販売・金融サービス部門における合理化推進の障壁になっていたこと。

・国際的な銀の供給不足により、銀貨の大量製造が困難になっていたこと。

・素材形式の面から貨幣系列を整え、信用度の確立が求められていたこと。

などがあげられる。

この改鋳により全硬貨の大量流通が実現した。紙幣識別装置を搭載していなかった自動販売機が主流であった当時において、硬貨の大量流通は、自動販売機の使い勝手の向上に多大な貢献を果たした。

すなわち、改鋳以前は生活者にとって１００円硬貨を所持する機会が少なかったこともあり、商品購入に10円硬貨を複数枚投入するという煩わしさがあったが、１００円硬貨の大量流通によりワンコインで商品購入が可能になり、消費者利便を大いに向上させた。

さらに、15年後の昭和57年には５００円硬貨が発行され、自動販売機の利用しやすさがいっそう向上し、普及促進に拍車がかかった。

(3) 乗車券自動販売機の導入

昭和43（１９６８）年、国鉄（現ＪＲ）が画期的な券売業務の合理化を開始した。

それは、東京と大阪の主要駅に１２６台の乗車券自動販売機を設置し、１００円以下の近距離乗車券の発売をすべて自動販売機で行うというものだ。自動販売機は多能式で、大人・小人切符18種類を発売できるものであった。

その後、2種類の切符が発売できる複能式、1種類のみの単能式乗車券自動販売機も、数百台レベルで増設され、都市圏における本格的な乗車券の自動販売が始まった。

他方、国鉄に続き私鉄においても乗車券自動販売機の導入が始まり、昭和46年末にはすでに8000台程度の普及台数となっていた。

乗車券自動販売機の普及は、それまで自動販売機をあまり利用しなかった中高年層に、抵抗なく自動販売機から物を買う行為を訓化した。これにより従前の自動販売機利用層であった若年層に加え、中高年層も飲料やたばこを自動販売機から購入することに抵抗感が少なくなり、自動販売機の普及を大いに促進した。

(4) 缶コーヒーとH&C自動販売機の開発

わが国の自動販売機産業の発展にもっとも貢献したのは、缶入りコーヒーの登場とそれにともなうH&C（ホット&コールド）飲料自動販売機の開発である。

昭和47年、ポッカレモン（現ポッカコーポレーション）が缶コーヒーの製造、販売を開始した。これに合わせ三共電器（現サンデンリテールシステム）が、1台の自動販売機でスイッチの切り替えにより、温かい飲料もしくは冷たい飲料を販売できるホットorコールド機を世に送り出した。

それまでのコールド専用機では、オペレータやロケーションオーナーは暖かい春先から暑い夏場には冷たい飲料で一定の売上げを得ることができたものの、涼しくなる秋口から寒い冬場には売上げが激減するというジレンマに陥っていた。

缶コーヒーとホットorコールド自動販売機は、このような状況を打破する強力な兵器となった。夏には冷たいジュースを、冬には温かい缶コーヒーを販売することで、オペレータやロケーションオーナーは通年で安定した売上げが確保できるようになったのである。

昭和51年、三洋自販機（平成14年に現富士電機が事業統合）がホットorコールド自動販売機をさらに進化させたH&C自動販売機を開発、ほかの自動販売機メーカーも追従した。

H&C自動販売機は、1台の機械で温かい飲料と冷たい飲料を同時に販売できる画期的なもので、以降、日本の飲料自動販売機の主流となった。H&C自動販売機では通常、夏場には従前通り冷たい飲料のみ販売するが、冬場には温かい飲料と冷たい飲料を併売することができるようになり、ホットorコールド機よりもさらに大きな売上げを確保することが可能になった。

ホット商品もその後、缶コーヒーに加え、日本茶、紅茶、ウーロン茶などがラインアップされ消費者ニーズを充足させるものとなった。

こうしてH&C自動販売機とホット商品の登場は、飲料メーカー、オペレータの自動販売機に対する投資意欲を増長し、自動販売機の普及台数を急速に拡大することになった。

(5) 特有の自動販売機管理運営形態

欧米においては、オペレータが自動販売機を購入し、独自に市場展開するフルサービス方式で展開されている。

一方、わが国ではこのような方式のほかに飲料メーカーがオペレータに自動販売機を貸与し管理運営を委託する方式や、自らがオペレータの役割を担うフルサービス方式がある。

加えて、飲料メーカーがロケーションオーナーに自動販売機を貸与し、管理運営を任せるレギュラーサービス方式が早くから取り入れられている。この方式は、欧米には存在していない。

スーパーマーケットやコンビニエンスストアにおいては、販売商品の選択権は店舗側にあるが、自動販売機では飲料メーカーが自社専用の販売ツールとして希望の商品をラインアップできる。この利点を生かし、飲料メーカーは、自社のロゴマークなどを施した、いわゆるマーキング機を自社管理したり、オペレータやロケーションオーナーに無償貸与したりして管理運営を委託している。

このような多様な管理運営形態により、自動販売機のロケーションも多様化し、また、自動販売機産業に従事するプレイヤーが増えたことが、普及拡大に大きく影響した。

第4章 自動販売機の歴史

本章では、自動販売機のルーツ、わが国における自動販売機産業の発展の過程に関して述べる。

1 前史

(1) 世界初の自動販売機

自動販売機の歴史は、遠く古代エジプトにさかのぼる。紀元前3世紀のアレキサンドリアの科学者ヘロンが著した「気体装置（Pneumatika）」に、硬貨を入れると水が出てくる装置についての、図解入りの記述がある（写真4―1）。

これが自動販売機のルーツといわれている。ヘロンの原本は失われているものの、ラテン語に写

SPIRITAL. LIBER. 61

XXI.

In ſpondea, hoc eſt in vaſa ſacrificij iniecto quinque drachmarum numiſmate, aqua ad inſpergendum effluit.

Sit ſpōdeū, ſiue theſaurus AB CD, cuius oſculū A ſit detectū; & in theſauro ſit vas FGHK habens aquā, & pyxidem L, ex qua canalis LM extra feratur. vaſi autē apponatur regula recta NX, circa quam alia regula aptetur OP, habens ad O platyſmation R parallelum fundo vaſis: & iuxta P ad S habens operculum pyxidi L congruens, ita vt aqua per canalem LM non fluat. ſit autem pyxidis operculum grauius platyſmatio R: & vtriſque videlicet numiſmate, & platyſmatio ipſo leuius. Cū igitur per oſculū A numiſma iniiciatur, incidet in platyſmation R: & deprimens regulā OP inclinabit, extollet autē pyxidis operculum, ita vt aqua fluat. poſtea excidente numiſmate

H iij

資料：イタリア国立図書館蔵

写真4－1 ヘロンの「気体装置（pneumatika）」の中に描かれている聖水自販機の原理図

本されたものが現在もローマにあるイタリア国立図書館に保存されている。

この書物によれば、ヘロン考案の自動販売機はテコの原理を応用したもので、水が入ったかめに取りつけられたテコの一方には硬貨の受け皿が、他方には給水口の栓につながる糸が結ばれている。

硬貨が投入され受け皿に載ると、その重みで受け皿が下に傾き、その傾きが元に戻るまで、出口の栓が開いて水が出るという仕掛けである。

販売された水は飲用ではなく、聖なる水＝いけにえの水とされているが、用途の詳細については不明である。また、紀元前215年頃にアレキサンドリアの寺院に設置されていたといわれているが、これも定かではない。

(2) 欧米での発展

その後、17世紀になってイギリスで自動販売機らしきものが登場したが、ヘロンの自動販売機からほぼ2000年の空白のときが過ぎている。

これは、オナー・ボックスとよばれた嗅ぎたばこの自動販売機で、パブ（居酒屋）などに置かれた。仕組みはタテ20㎝、ヨコ10㎝、高さ10㎝の真ちゅう製の箱に嗅ぎたばこが収められており、硬貨投入口にコインを入れるとバネ仕掛けのふたが開き、中の嗅ぎたばこを取り出せるというもの。ヘロンの自動販売機ほど精巧な仕掛けではなく、開いたふたは自動的に閉まるものではなかった。すなわち、使った客がふたを閉じないかぎり、次の客は代金を払わずにいくらでも嗅ぎたばこをとれるという代物であった。

19世紀に入ると、欧米での自動販売機製作が活発化し、書物自動販売機、切手自動販売機、菓子自動販売機、ガム自動販売機などがつぎつぎと登場した。

(3) 日本最初の自動販売機

わが国最初の自動販売機は、小野秀三が考案した物品自動販売機で、明治23（1890）年3月に特許登録されている。この半年後の同年12月には、日本の自動販売機の元祖ともいえる俵谷高七が考案した、たばこ自動販売機が特許登録されている（図表4—1）。

俵谷は、安政元（1854）年3月に現在の島根県に生まれ、長じて義兄のもとで修行を積み、指物職人となる。

明治17（1884）年、当時貿易港として栄えていた馬関（現在の下関）に出た俵谷は、特許条

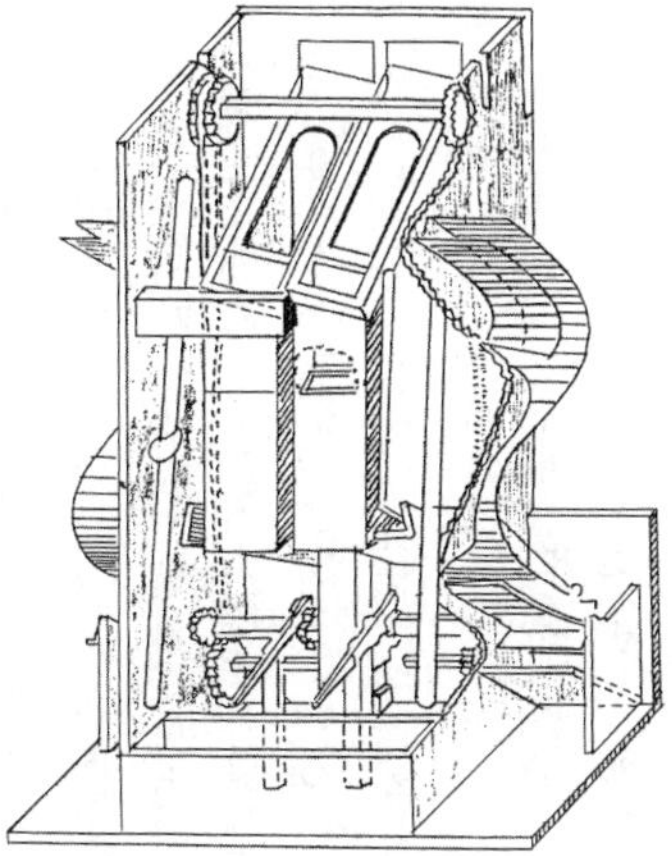

資料：特許第964号

図表4－1　俵谷高七の自動販売機

例が制定されることを耳にし、一大発明を成して世に貢献せんと一念発起。3年に及ぶ年月を費やし、「貨幣を受け取って煙草あるいはその他の物品を販売する装置」、すなわち自動販売機そのものを発明した。

特許証（第９６４号、自動販売機、明治21年12月出願・同23年9月特許）によると、そのメカニズムは精巧で、その目的とするところに

第1　通貨に比し寸法、重量を異にする偽貨を差入れるも物品を差出さざる。

第2　物品尽きたる際に入れたる貨幣を返戻する。

とあるように、偽造硬貨の排除や売切れ時の硬貨の返却機能まで備えた、当時としては驚異的発明といってよいものであった。この自動販売機は、現存していない。

現存するわが国最古の自動販売機は、同じく俵谷が明治37（１９０４）年に製作した「自働郵便切手葉書売下機」で、東京の墨田区にある郵政博物館に所蔵されている（写真4－2）。

この自動販売機は、からくりの原理を応用したものであり、外枠が木製で装飾が施され、切手、葉書の販売に加え、ポストの機能を兼ね備えた三位一体のユニークな構造となっている。

ネーミングも「自動販売機」ではなく、「自働……売下機」とされていた。

その後も俵谷は、乗車券自動販売機、占い・くじ自動販売機などを続々と考案し、わが国の自動販売機産業発展の一扉を開いたといえる。

小野、俵谷のアイデアは現在でも通用する卓越したものであったものの、からくりと木工技術による一種芸術的な機器であったため、量産が難し

資料：郵政博物館蔵
写真4－2　自働郵便切手葉書売下機

く、広く採用されて普及することはなかった。

俵谷の発明以外、明治期の自動販売機はほとんど知られていない。唯一、明治末期に作られたのではないかとされているのが、昭和62（1987）年に岩手県二戸市で見つかった酒自動販売機で、硬貨を入れるとゼンマイ仕掛けで一定時間コックが開き、蛇口から1合の酒が出る仕組みとなっている（写真4―3）。

この酒自動販売機は、二戸市立歴史民俗資料館に所蔵されている。

2 創成期

(1) 大正期

大正時代に入ってからは自動販売機の発明、製作が、断続的ではあるが続けられていた。

資料：二戸市歴史民俗資料館蔵

写真４－３　酒自販機

資料：兵庫県立歴史博物館蔵

写真４－４　「ノンキナ父サン」を型どった菓子自販機

大正元（１９１２）年には印字機能を有した入場券自動販売機が、12年には球形のガラス容器で中身の見える卓上型の菓子自動販売機などが登場したものの、性能に安定性を欠き、また、機械を導入する側のインフラも十分でなかったことなどから、本格的に活用されるところまではいたらなかった。

わが国最初の普及型自動販売機は、大正13年に茨城県出身の発明家である中山小一郎が製作した、菓子自動販売機といえよう（写真４－４）。

これは、その頃、新聞漫画で人気のあった「ノンキナトウサン」をモチーフにしたデザインで、側面にはノンキな父さんの立ち姿が描かれ、正面には「自動販売」、「大勉強」の文字が書かれているというユニークなもの。１銭銅貨を入れると、チンチンと音を出しながら袋入りの駄菓子が出てくる仕掛けになっている。

この菓子自動販売機は、全国の菓子店や茶店の店頭など約1000台が設置され、そのユーモラスな形状と販売方法は、第一次世界大戦後の不況と関東大震災の被害による重苦しいムードに浸っていた庶民に大いに好評を博し、当時としては画期的なベストセラー商品となった。

機械の大きさは、幅40cm、高さ160cmと比較的小型のもので、硬貨選別は初歩的なレール方式（レールの途中に穴を設け、穴の径より小さな硬貨が穴から落下する方式）が採用され、商品はドラム方式で36個が収納された。

また、同時期に同じく人気の漫画「正チャンとリス」をモチーフに遠藤嘉一が製作した菓子自動販売機も人気を得た（写真4－5）。

これら自動販売機は現在、兵庫県姫路市にある

資料：兵庫県立歴史博物館蔵

写真4－5

「正チャンとリス」を型どった菓子自販機

県立歴史博物館に所蔵され、一般公開されている。

菓子自動販売機の成功を契機に中山は、東京の牛込に自動販売機専門会社として中山工業所を設立し、つぎつぎと新機種の開発に乗り出した。

大正14（１９２５）年には入場券自動販売機を製作し、東京・上野駅でのフィールドテストで良好な結果を得られたことから、国鉄の主要駅に１００台程度が導入された。

(2) 昭和前期

昭和前期にいたり自動販売機産業は発展のきざしをみせ始めたが、その中心は菓子、切符、たばこなどの自動販売機で、現在のような飲料自動販売機主導型ではなかった。

昭和3（１９２８）年、中山工業所が景品付きの菓子自動販売機を開発。翌4年には大手製菓会社と協力し、釣銭機能付きのキャラメル・チョコレート自動販売機を製作、約２５００台を出荷し大ヒットとなった。

同社はその後もたばこ自動販売機、牛乳自動販売機などをたて続けに開発し、一時代を画した。

中山工業所に続き、さまざまな自動販売機が登場し始めたが、第二次世界大戦、太平洋戦争の勃発に起因する鋼鉄製品製造禁止令により、昭和初期の自動販売機産業は中断を余儀なくされた。

3 始動期

(1) 戦後混乱期

昭和20（１９４５）年8月15日、太平洋戦争が終結。わが国の経済、国民生活は疲弊、荒廃し、しばらくは戦後の混乱期が続いた。自動販売機産業が再スタートを切るのは20年代終わりからである。

昭和28（1953）年にいたり国民生活の水準が戦前のそれを上回るようになり、同年1月には自動販売機業界にとって待望の10円青銅貨が発行された。新硬貨の発行は、わが国自動販売機産業の新たな発展の大きなファクターとなった。

同年、中山工業所が戦後初の自動販売機となった手動の入場券自動販売機を製作した。

同社は、国鉄に（現JR）アプローチし、東京駅八重洲口での1カ月間のテストが実施された。結果は良好で、採用が決定し、全国普及への第一歩が踏み出された。

(2) 10円ジュース自動販売機の爆発的人気

乗車券自動販売機以外の分野では、昭和30年代に入りジュース自動販売機やたばこ自動販売機の生産が開始されている。

ジュース自動販売機分野では、星崎電機（現ホシザキ電機）がウォータークーラーと自動販売機の融合に着手し、改良、モデルチェンジを経て、昭和36（1961）年に「オアシス」の名で知られる画期的な機種を発売した。

この自動販売機は、上部にアイキャッチャーとしてジュースが吹き出る噴水型の水槽を有したユニークな外観で、10円を入れると紙コップに一定量のジュースが出てくるものだった。同時期に三共電器（現サンデンリテールシステム）も同様の自動販売機を開発し、市場展開を始めた。

これらジュース自動販売機は、当時の粉末ジュースの大人気と相まって爆発的な自動販売機ブームを現出させ、わが国における自動販売機の高普及の礎を築いたといっても過言ではない。

一方、国栄機械（現グローリー）は、すでに手がけていた硬貨計算機と自動販売機に技術的な関連性があること、戦後経済の回復による自動販売機市場の将来が明るいことに着目し、昭和33（1958）年にチューインガム自動販売機と手動のたばこ自動販売機を開発、製造、非飲料自動販売機分野での先鞭を切った。

(3) コーラ自動販売機の隆盛

昭和30年代半ばにいたり、自動販売機産業は大きな変動の時期を迎えた。

前項で述べた10円ジュース自動販売機のブームも、昭和38（1963）年の冷夏を境に急速に衰退の道を辿る。衰退の理由はいくつか考えられるが、景気回復による国民生活の向上と、それにともなう嗜好の変化が最大の原因ではと考察する。

このような状況下に登場したのは、びん入りコカ・コーラ自動販売機である。

米国コカ・コーラ社の日本市場への進出は、現在の日本コカ・コーラの前身である日本飲料工業が設立された昭和32（1957）年からのことである。同社の自動販売機の導入は、昭和37年から始まった。当初は、びん入り飲料自動販売機による展開であった。

コカ・コーラ自動販売機は、アトランタ本社の「現地主義」の方針からすべて国産機に限定され、当初はアメリカのVendo（現Sanden Vendo Ameica）と技術提携した新三菱重工（現三菱重工）製の機械が主流であった。

コカ・コーラ社の自動販売機展開でユニークであったのは、アメリカで主流であった、オペレータが独自で自動販売機を管理運営するフルサービス方式に加え、自社によるフルサービス、ロケーションオーナーに対して自動販売機を貸与し、管理運営を委任するレンタル方式を導入したことである。

このレンタル方式こそが後に日本特有の自動販売機の管理運営方式となるレギュラーサービス方式となり、前述の通り自動販売機高普及の要因の一つとなった。

(4) オートパーラーの開業

コカ・コーラ社の自動販売機本格導入と同時期の昭和37（1962）年、西武百貨店がわが国で最初の自動販売機による「オートパーラー」を開業した。

オートパーラーは、現在の自動販売機コーナーの原型ともいえ、飲料自動販売機、食品を中心とする汎用自動販売機、両替機など10台程度を並べ、ホットコーヒー、コーラ、ジュース、おにぎり、サンドイッチなどを販売した。

オートパーラーの設置場所は、西武百貨店、三愛、NHKの3箇所で、営業時間は午前10時から午後6時30分までとし、夜間の販売は行われなかった。

このオートパーラーの試みは、結局長続きしなかった。その理由としては、次の3点があげられる。

・単位面積当たりの売上げが低く、中身商品の利幅が低かったこと。
・ロケーションオーナーの自動販売機に対する理解が不足していたこと。
・運営主体のオペレーションとマネージメントが拙劣であったこと。

西武百貨店はこの後、自動販売機部門を独立させ、「西武自販機」としてしばらくのあいだ業務を継続させた。

(5) 飲料自動販売機の多様化

昭和46（1971）年以降、飲料自動販売機の多様化が進んだ。それまでは前述のびん自動販売機が圧倒的なシェアを占めていたが、容器の重さ、容器の破損、輸送効率などの観点から徐々に缶自動販売機への転換が始まり、三洋電機が開発したサーペンタイン（蛇行状）とよばれる缶飲料の画期的な収納方式の登場により、ビンと缶の自動販売機の比率は逆転した。

サーペンタイン方式については、後述する（第5章2(2)）。

カップ式自動販売機においては、従来のフロアタイプ（床置き型）より小型の卓上型が開発された。

卓上型カップ式自動販売機は、フロアタイプでは対象とならなかった購買者数の少ないミニロケーションでの自動販売機展開を可能にし、オペレータの販路拡大に大きく寄与した。

さらに、ビール分野においても、ビールメーカーによる缶ビールの拡販策として自動販売機の大量導入が組み込まれ、大きな市場展開が始まった。

4 激動期

昭和49（1974）年、わが国経済は石油ショックの影響により戦後最大の不況に陥り、GNPはマイナス成長となった。自動販売機産業も激動の時期を迎える。

(1) 訪問販売業者の参入と社会問題化

昭和50（1975）年に入ると、訪問販売業者が自動販売機産業に参入し、自動販売機の流通構造は短期間で一変した。

それまでは、飲料メーカー、オペレータによる自社の自動販売機展開が主流だったが、訪問販売業者はまったく新しい自動販売機展開を導入したことで注目された。

それは、ロケーションへの売却方式で、自動販売機メーカーから主として缶飲料自動販売機を購入し、それを酒店や菓子店などの小売店や一般住宅に販売し、中身の飲料についても当該小売店などに供給するという形態であった。

このような訪問販売業者は、特定ブランドのロゴマークのついていない自動販売機を取り扱っていたことから「白ベンダー業者」とよばれ、強力な販売力を駆使して急激に展開台数を増やした。この側面では、自動販売機の普及促進に一助をなしたといえよう。

しかしながら、他方では、解約時の違約金が高い、中身商品が配送されないなどの苦情が通商産業省（現経済産業省）や消費者センターに多数寄せられ、詐欺的商法として社会問題化した。

訪問販売業者の躍進は、昭和53~54年にピークに達し、業者数は一時期全国で700社を数え、年間販売台数は14万台にものぼった。

このような状況下、通商産業省は昭和54（1979）年、自動販売機の流通適正化に関する報告を取りまとめた。それによると「自動販売機に流通組織、流通秩序はいまだ十分確立されておらず、早急に価格、販売チャネル、物流の適正化など関連性をもった立体的システムを構築し、社会システムと融合させることが必要である」と指摘し、今後の取り組みの強化を促した。同省は同年4月に割賦販売法施行令の一部を改正し、自動販売機を同法の指定商品に追加した。

この措置は、自動販売機の訪問販売にかかるトラブル、苦情を解消することを主眼とし、クーリングオフ制度などを規定することにより、自動販売機購入者の利益保護を大きくするものであった。

この法的措置を契機に、いわゆる「白ベンダー」は徐々に姿を消し、替わって清涼飲料メーカーが自社所有機、いわゆる「マーキング機」の展開を本格化させた。

(2) 管理責任の明確化

自動販売機の普及拡大とともに、自動販売機に対する批判も生じた。

お金を入れたのに商品が出ない、釣銭が出ない・足りない、などである。

業界では、これら消費者ニーズに対応すべく、自動販売機の故障と苦情にかかる責任の所在を明確にするため「自動販売機統一ステッカー」貼付の実施要綱案を作り通商産業省、大蔵省（現財務省）、農林水産省、厚生省（現厚生労働省）と協議を続けてきた。

昭和50（1975）年、4省は「自動販売機に対する統一ステッカー貼付の実施要綱」を策定し、4省共同通達により関連業界団体に通知した。

ステッカーには、「ご利用の皆様へ　故障と苦情は」の文言とともに管理者名、所在地・電話番号を記入することとされ、これにより自動販売機の管理責任の明確化が図られた（写真4—6）。

要綱は、平成2（1990）年に改正され、自動販売機の性能向上などを勘案し、「ご利用の皆様へ　故障と苦情は」の文言が削除された。

写真4－6
自動販売機統一ステッカー

ステッカー貼付の対象となるのは、管理者が常駐しない飲料自動販売機やたばこ自動販売機などで、自動販売機メーカーは、新台の出荷に際し統一ステッカーを同梱している。

(3) H&C自動販売機の登場

昭和51（1976）年に三洋自販機がH&C缶自動販売機を開発した同じ年、富士電機はカップ式飲料自動販売機のH&C機を発売し、従前はジュース、コーラなど冷たい飲料を売る機械とコーヒーなど温かいものを売る機械が別々であったものが、1台に集約されることになった。

H&Cカップ式飲料自動販売機により、スペースに制約のあるロケーションにおいても冷温の飲料の販売ができるようになり、屋内ロケーションの拡大に威力を発揮した。このH&C自動販売機は、四季により寒暖の差があるわが国の飲料にフィットし、消費者の嗜好を十分に満たすものであった。

通年で安定したパーマシン（自動販売機1台当たりの売上げ、以下同じ）を得ることができるようになった飲料メーカー、オペレータは、以前にも増して自動販売機展開に注力し、普及台数は飛躍的な伸びを示すことになった。

当初は缶コーヒーのみであったホットものの中身商品も、ウーロン茶、紅茶、緑茶などがラインアップされ、さらなるパーマシンアップに貢献した。

(4) 食品衛生の確保

自動販売機の食品衛生に関しては、技術革新による構造機能の高度化や中身商品の多様化により、各都道府県の条例での規制や取り扱いに大きな差異が生じるようになった。

このため、日本自動販売機工業会は、昭和50（1975）年以降このような不統一を是正するため自主基準案を作成し、厚生省に提出するなどの活動を進めた。

厚生省は、かかる状況を踏まえ、昭和54年に食品衛生法に基づき、告示第98号をもって「食品が部品に直接接触する構造の自動販売機」を対象とする規格基準を制定した。

食品が部品に直接接触する自動販売機とは、カップ式飲料自動販売機をはじめとした給湯装置付きカップ麺自動販売機や、生麺自動販売機などで、規格基準では、自動販売機本体の材質、構造および基準、カートリッジ式給水タンクの材質および構造、販売に使用する容器が規定された。

次いで翌55年には、同省の環境衛生局長通知によって「食品が直接部品に接触しない構造の自動販売機」を含む包括的指導事項が定められた。

指導事項では、主として食品が直接部品に接触しない構造の自動販売機、すなわち容器包装に入れられた飲食物の自動販売機について規定し、さらに管理運営基準準則、施設（設置場所）基準準則も合わせて示された。

規格基準、指導事項により自動販売機の食品衛生は、それまでの機種ごとの個別的規制から共通規制へとその体系が基本的に変わり、機械メーカー、オペレータ、中身商品メーカーにとって食品衛生対応を円滑に進めることができるようになった。

⑸ 設置安全対策の推進

昭和51（１９７６）年、埼玉県と北海道において自動販売機の転倒による幼児の死亡事故が発生した。

日本自動販売機工業会は同年、自動販売機の据付安全を確保するため「自動販売機設置要綱」をとりまとめるとともに、東京および大阪で「自動販売機設置講習会」を開催し、安全設置の普及促進策を推進した。

また、国レベルにおいても据付基準のＪＩＳ（日本工業規格）化の検討が始まった。

昭和53年、通商産業省工業技術院（現産業技術総合研究所に統合再編）は、日本自動販売機工業会に自動販売機の据付基準原案作成を委託した。

同会は、千葉大学の小原二郎教授を委員長とする原案作成委員会を設置し、８カ月にわたる検討作業を実施し、昭和54年３月に最終原案を工業技術院に提出した。その後、この原案は日本工業標準調査会の審議を経て同年12月「自動販売機据付基準」（ＪＩＳ Ｂ８５６２）としてＪＩＳ化された。

この基準は、機体重量50kg以上の床置式の自動販売機を、主として屋外に設置する場合の据付面施行と据付方法の基準を定めたもので、コンクリートの強度、アンカーボルトと固定金具の形状、強度などを細かく規定したものである。

5 安定成長期

元号が平成に移行する頃、自動販売機産業は、年間自販金額が5兆円の大台に乗り、安定期にいたったが、反面、道路はみ出し問題、環境問題など社会的な要請への対応に直面することとなった。

(1) 道路はみ出し問題への対応

平成2（1990）年10月、主婦連と一部の市民団体は、道路上にはみ出している自動販売機について調査を実施し、道路法および道路交通法違反の観点から厳重な措置をとるよう道路管理者、警察当局など関係行政機関に対して申し入れた。

キャスター付き自動販売機の一部には、商品棚として道路使用を認められていた時期もあった。しかし、その後、JISに基づく固定が進むと、道路法、道路交通法に基づく自動販売機の道路占・使用は、地下街、高速道路のパーキングエリアなどのみで認められるものの、街中では実質的に認められなくなっていた。

オペレータ、中身商品メーカーにおいては、違法の認識のないまま公道にはみ出した自動販売機を設置してきたが、コンプライアンス重視の観点から自主的に是正することとした。

是正作業は、物理的な要因から2年程度を要したが、薄型自動販売機への置き換え、店舗改造、自動販売機撤去などにより道路はみ出しはほぼ100%改善され、現在にいたっている。

(2) PETボトル自動販売機の登場

平成7(1995)年、容器包装リサイクル法(正式名称・容器包装に係る分別収集及び再商品化の促進等に関する法律)が制定された。

(一社)全国清涼飲料工業会は、PETボトルリサイクルのためのインフラが十分でなかったことから、小型容器のPETボトル入り飲料の生産を自主規制していたが、容器包装リサイクル法の成立によりPETボトルのリサイクル技術、インフラともに整備されるとの観点から、平成8年に小型PETボトル入り飲料解禁を決定した。

自動販売機での販売は、翌9年からで、これに呼応しジャミング(商品詰まり)が起こらないPETボトル用のラック(商品収納棚)も開発された。

缶飲料と異なりリキャップができるPETボトル入り飲料は、女性層を中心に人気が高まり、茶系飲料、スポーツ飲料などを中心に自動販売機での販売も増加していった。

PETボトル対応自動販売機の登場は、自動販売機業界にとってH&C自動販売機登場以来のエポックメイキングなイベントといっても過言ではない。

(3) 偽造・変造通貨との戦い

平成3(1991)年、関西地方の鉄道の乗車券自動販売機や銀行の両替機などから、大量の偽造1万円紙幣が発見された。それまでにも本物紙幣を切り貼りするなどの手口による自動販売機狙いは散発的に発生していたものの、偽造紙幣によるものはほとんどなかった。

発見された偽造1万円紙幣は、紙幣の様式と自動販売機やＡＴＭの紙幣識別のメカニズムに精通しているとみられる者によるものと推測され、自動販売機業界を驚愕させた。

平成10年前後からは韓国の500ウォン硬貨など500円硬貨（旧貨）とサイズ、材質の類似した外国硬貨による自動販売機からの金銭盗取が多発するようになった。

これらの偽造・変造通貨案件に対して、業界は警察、通貨当局の協力の下に情報収集を図り、そのつどビルバリデータ（紙幣識別装置）、コインメック（硬貨選別装置）の改良を進めた。

しかしながら、500円類似外国硬貨による事案については、コインメックの改良も限界にいたり、日本自動販売機工業会は財務省に対し500円硬貨の改鋳を要請した。同省はこれを受け、平成12（2000）年8月に新500円硬貨を発行した。新硬貨は、サイズは旧硬貨と変わらないものの、材質が白銅からニッケル黄銅に変更された。

市中の自動販売機は順次新硬貨対応とされ、500円類似外国硬貨による自動販売機狙いも収束の方向に向かった。

(4) 新紙幣発行への対応

平成16（2004）年11月、1万円紙幣、5千円紙幣、千円紙幣の3券種が改刷された。

改刷は、昭和59（1984）年以来20年ぶりのことで、ホログラム、潜像模様、すき入れバーパターンなど、最新の偽造防止技術が取り入れられた。

日本自動販売機工業会は、発行に先立ち通貨当局、日本銀行と連携を密にし、サンプル紙幣のテストを実施するなどして、傘下会員企業における新紙幣対応自動販売機、ＡＴＭなどの開発を進め、市中の機器での速やかな対応を図った。

(5) 自動販売機狙いの撲滅

外国人から、自動販売機は屋外に置かれた金庫といわれることがある。

前述のごとく自動販売機産業が本格化した昭和30〜40年代は、わが国の治安はよく、自動販売機が盗難に遭うことは少なかったが、バブル崩壊後は事態が一転し、平成に入ると自動販売機狙いが急増した。

平成７（１９９５）年には、警察庁の調べによる自動販売機狙いの発生件数は年間で10万件を超え、以降も増加傾向を辿った（図表４—２）。

このような状況の下、日本自動販売機工業会は平成８（１９９６）年、「自動販売機堅牢化基準」を策定し、自動販売機本体の防犯性能の強化に乗り出した。しかしながら、犯行の手口は、強化部位以外を攻撃するなど多様化した。このため同会は、平成12年に同基準を改定し、さらなる防犯対策の推進を図った。基準は、さらに平成15年に再改定され、より堅固な自動販売機が出荷されるようになった。

また、日本自動販売機工業会と全国清涼飲料工業会は、平成16（２００４）年に『自販機犯罪通報ネットワークシステム』を開発した。

これは、自動販売機にこじ開けなど不正な負荷がかかると自動的に発報するシステムで、携帯電話の公衆回線を通じてホストコンピュータへ異常情報が伝達され、当該ホストコンピュータが最寄りの警察署の専用電話あてに、異変の起こった自

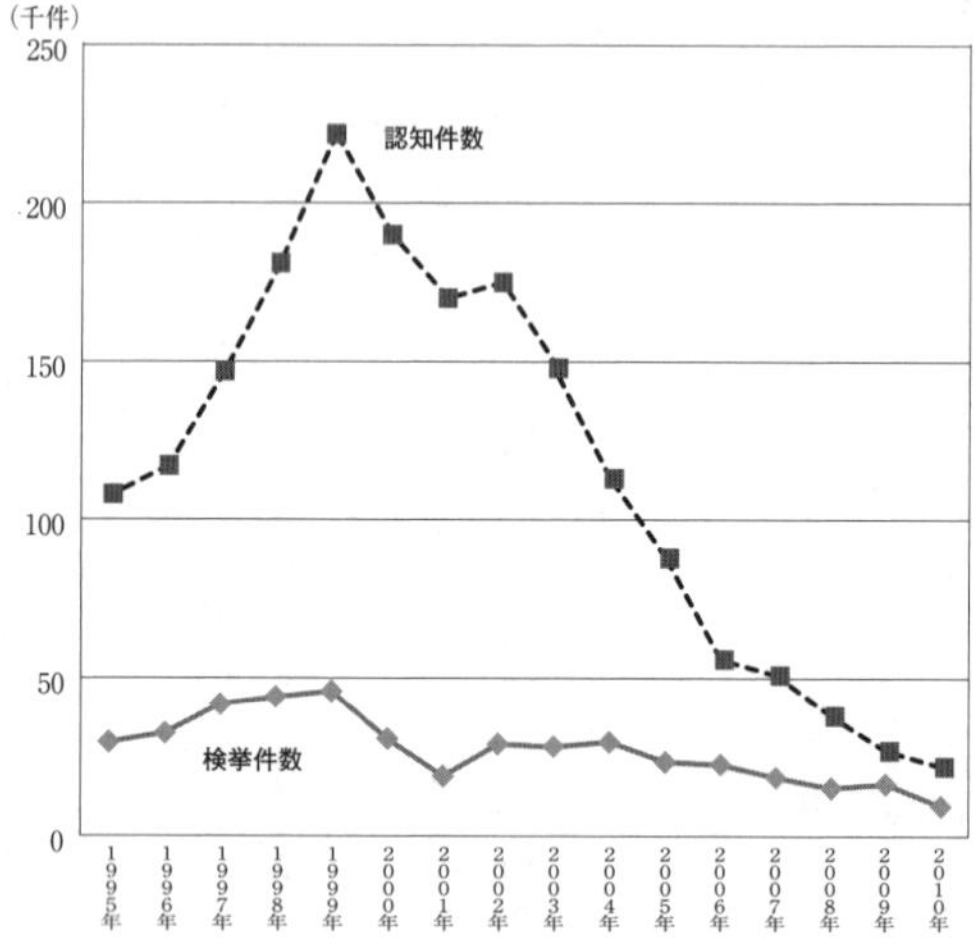

図表４－２

自販機狙い発生件数と検挙数推移

動販売機の設置場所を音声で通報する。

平成16年に警視庁の協力の下にテストを開始し、その後、愛知県警、大阪府警、福岡県警の協力のもとに同システムを運用、多大な抑止効果を発揮した。

これら堅牢化自動販売機、自動販売機犯罪通報システムなどに加え、警察当局の街頭犯罪対策の強化が功を奏し、自動販売機狙いは急速に減少した。平成27（２０１５）年には1万３２４４件となり、最盛期の１割以下となった。

(6) 地方公共団体による自動販売機規制

平成９（１９９７）年に京都で開催された気候変動枠組条約第3回締約国会議（ＣＯＰ3、京都会議）を契機に、環境問題に端を発する地方公共団体の飲料自動販売機規制が活発となった。

主な例としては、同年に愛知県豊田市が、市の管理する公共施設からの飲料自動販売機撤去方針を打ち出した。これにより、一部の医療施設を除く公共施設に設置された飲料自動販売機は撤去された。

また、14年には、信州・地球温暖化対策研究会が地球温暖化対策「長野モデル」において、ライフスタイルの転換を促す新しいシステム創りの一環として、県内の飲料自動販売機の台数を半減することを提言した。

同研究会は、地球温暖化対策推進法に基づいて県が指定した長野県地球温暖化防止活動推進センターからの委嘱を受けたNPO、学識経験者、事業者、行政等16名の委員から構成されていた。

長野県は、この提言に基づき飲料自動販売機の台数規制条例の検討をスタートさせた。

日本自動販売機工業会、全国清涼飲料工業会、日本自動販売協会は、県との意見交換を積極的に行い、飲料自動販売機の省エネに対する取り組み、自動販売機の社会的価値などを訴求した。

この結果、県は飲料自動販売機の台数半減に関する条例制定を見送り、業界に対し年間総消費電力量の削減を要請した。

このほかにも、景観条例に基づく自動販売機の色規制などが各地で起こり、業界ではそのつど適宜対応している。

なお、業界の環境問題への取り組み状況については、第7章で改めて述べる。

(7) 自動販売機による社会貢献

自動販売機が、社会的施設として国民生活に必要不可欠な存在となっていることは明らかである。

しかしながら、一部の消費者団体等には、自動販売機過剰論・不要論が根強く残り、また、地方公共団体による自動販売機規制も後をたたない。この背景には、「自動販売機」というネーミングにも若干の問題があるのかもしれない。無人で濡れ手に粟のごとく利益を得ている、と誤解されている部分もあるのではないだろうか？

商品販売時点では無人であるが、その影には、飲料メーカー、オペレータ、ロケーションオーナーなど関係者の多大な尽力があり、自動販売機産業が成り立っている。

消費者の嗜好を勘案した商品ラインアップ、売切れを極力なくすための商品補充、自動販売機およびその周りの清掃、空容器の処理など、多様な作業を実施してこそ無人販売が可能となる。

業界にとって、このような事象を広くＰＲすることにより前述の誤解を解くことも必要であるが、加えて反自動販売機論に対し、自動販売機を擁護してもらえる「自動販売機の味方」をつくることが不可欠である。

このためには、単に商品を販売するだけではなく、合わせて社会・地域に貢献することが重要である。自動販売機業界では近年、災害対応自動販売機、募金機能付き自動販売機などを展開し、社会・地域との連携に努めている。このプラスαこそが自動販売機産業のさらなる発展につながることを述べ、本章を終了する。

第５章

自動販売機の構造と要素技術など

本章においては、主として飲料自動販売機の構造や特有の要素技術等について述べる。

1　飲料自動販売機の構造

飲料自動販売機の構造は、金銭管理部、商品保存・販売部、冷却・加温部、制御部、接客部、筐体《きょうたい》に大別される。

ここでは、それぞれの部位の役割などを述べる。

(1) 金銭管理部

金銭管理部は基本的に、投入された硬貨を選別し、釣銭を払い出すコインメカニズムと、紙幣を識別し保管するビルバリデータから成り立っている。ただし、近年では、金銭の代替となる電子マネーの普及にともない、ＩＣリーダーライターが追加されたものもある。

初期の自動販売機においては、コインメカニズムのみであったが、現在では、ほとんどの飲料自動販売機にビルバリデータも搭載されている。

(2) 商品保存部・販売部

商品保存部・販売部は、商品・材料・原料の収納・貯蔵庫、配管、売切れ状態検知装置、ベンドメカ(販売ごとに動作する装置)などから成り立っており、缶・ボトル飲料、カップ式飲料、紙パック式飲料など販売する商品の特性に合わせた構造を有している。

この部位に基本的に求められる機能は、以下のような事項があげられる。

・可能なかぎり大量に収納・貯蔵できる。
・ジャミング（商品搬送時の詰まり）を起さない。
・販売のつど、数量を正確に販売する。
・商品販売は先入れ、先出しとし、迅速に販売する。
・収納・貯蔵する商品・原料・材料の品質（品温を含む）を保持し、衛生管理が容易な構造である。
・熱交換率、保温・保冷がよく、エネルギー消費が少ない。

(3) 冷却・加温部

缶・ボトル飲料自動販売機や紙パック式飲料自動販売機の冷却・加温は、冷却装置・加温装置を熱源とし、冷気、暖気を循環させ熱交換する方式が採られている。

一方、カップ式飲料自動販売機では、ジュース、コーラなどのコールド商品は、冷却層内の冷却媒体で高速冷却される。また、コーヒー、紅茶などのホット商品は、高温加熱された熱湯で粉末の溶解、挽き豆や茶葉からの抽出が行われる。

初期のカップ式自動販売機のホット商品は、インスタントコーヒーなど粉末飲料を溶解するものであったが、その後、フレッシュブリュー（挽き豆や茶葉から抽出するもの）が主流となった。さらに、近年ではグルメ志向に対応し、コーヒー豆を温度管理ができるキャニスター、販売のつど、コーヒー豆を挽くミルを備えた高級機も広く普及している。

庫内温度は、電子式のサーモスタットで管理され、冷却装置、加温装置ともに適切な運転率で稼動している。

(4) 制御部

自動販売機の制御部は当初、硬貨や紙幣を受け入れてから商品を販売するまでのプロセスを管理することが、主たる役割であった。

その後、マイコンの導入により温度制御、売上げや故障などのデータ、すなわち自動販売機の庫内情報などさまざまな制御を行っている。

(5) 接客部

接客部は基本的に、商品ディスプレイ部分、商品の在庫状況表示（販売可または売切れ）、商品選択ボタン、硬貨投入口・紙幣挿入口、投入金額表示器、金銭返却ボタン、釣銭返却口、商品取出口で構成されている。機種によっては温度表示器、カード読取装置などが付加される。

缶・ボトル飲料自動販売機の商品ディスプレイ部分のデザインは、欧米の自動販売機と大きく異なる。

欧米の自動販売機は一般的に、前面に商品のイラストやロゴが大きく描かれ、商品選択ボタン周辺に商品名の書かれたラベルが貼られている。

一方、日本の場合には販売する飲料の缶やボトルのダミーが陳列されている。このようなディスプレイ方法は日本独自のもので、近年では韓国製や中国製の自動販売機にも採用されている。

紙パック式飲料自動販売機においても、缶・ボトル飲料自動販売機と同様にダミーもしくは実物の紙パックを陳列するものもあるが、最近では、前面をガラス張りとし販売する商品自体を外部から見ることができるタイプも多くなっている。

(6) 筐体《きょうたい》

自動販売機の筐体は、各部位を収納する単なる箱ではなく、盗難やいたずらの防止、転倒防止、庫内と外部との断熱などの役割も担っている。

材質はスチールで、塗装は粉体塗装が主流になっている。

2 飲料自動販売機特有の要素技術等

(1) ホット&コールド飲料自動販売機

ホット&コールド飲料自動販売機の登場が日本の自動販売機普及に大きく寄与したことは、前述の通りである。

ホット&コールド飲料自動販売機の構造は、庫内を隔壁で3室に分け、スイッチの切り替えにより冷気、暖気を冷却機と加温機から送り込むという、一見すると単純なものといえる。

しかしながら、温度が低い収納庫と高い収納庫が隣り合う構造のなかで冷温商品の厳しい温度を管理するためには、高度な技術が求められるものである（図表5―1）。

(2) サーペンタイン方式

サーペンタイン方式とは、缶飲料自動販売機の商品収納方式で、英語で「蛇行」を意味するserpentineから名づけられた日本特有のものである。

この方式は、名前の由来の通り商品収納庫が蛇行状になっており、飲料容器の主流がビンから缶へ移行する時期の昭和47（1972）年に開発された。従前の棚垂直積上方式に比べデッドスペースが少なくなり、商品の収納効率が格段に改善された。また、商品補充に際しても、商品が庫内を

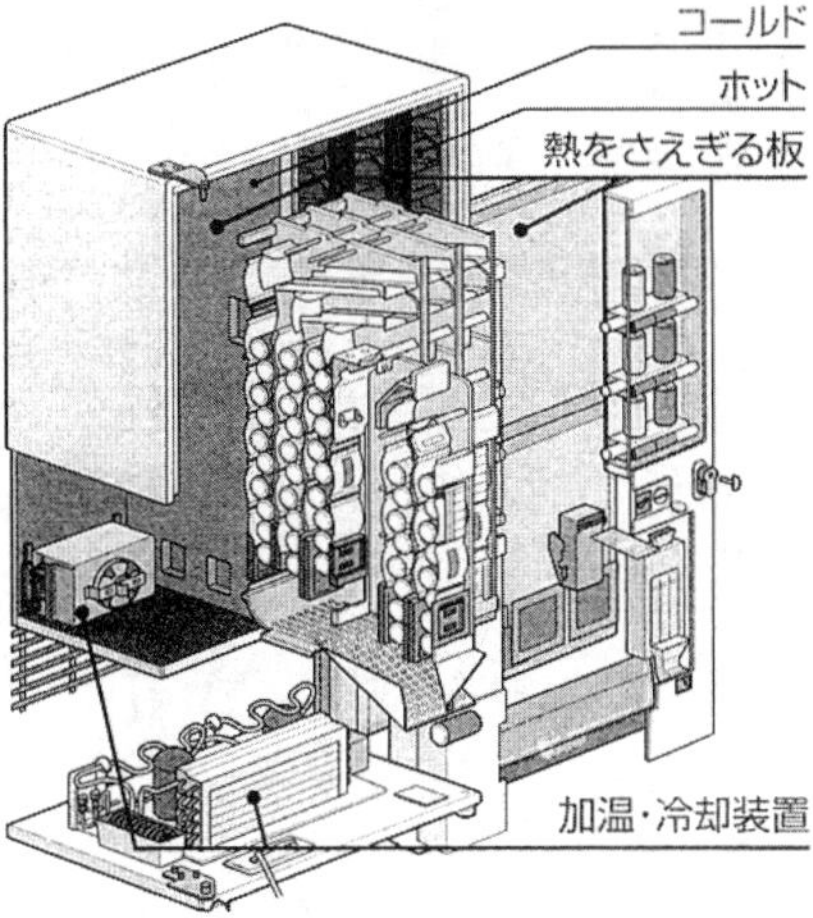

図表5－1

ホット＆コールドの機械の中の仕組み

蛇行しながら緩やかに移動することから、缶のへこみや破損を防止できるようになった（図表5－1機内図参照）。

サーペンタイン方式は日本特有のもので、欧米の飲料自動販売機では、垂直積上方式が主流である。

(3) 通貨の認識

通貨の認識は、自動販売機の重要な要素技術の1つである。選別方法の詳細は、防犯の観点からブラックボックス化されている。本項では、硬貨選別および紙幣識別の概要を述べる。

① 硬貨の選別

自動販売機における硬貨の選別要素は、直径、厚み、重量、材質である。

投入された硬貨の直径、厚み、重量、材質を電子的に検知し、あらかじめインプットされている正貨のデータと瞬時に照合し、受け入れの可否を判定する。ただし、それぞれの選別要素を個別に判定するのではなく、総合的なパラメータとして判断している。

紙幣の使用年限は、破れ、切れなどが生じることから2～3年程度とみられているが、硬貨の使用年限は非常に長い。試しに、ポケットや小銭入れなどにある100円硬貨を見ていただきたい。昭和の年号のものも多々見受けられるはずである。すなわち、発行後30～40年のものも流通しているということである。

これらの硬貨は、流通過程において損耗し、直径、厚み、重量が発行直後のものと異なっていることも多い。自動販売機に投入した100円硬貨が返却されてしまったことを経験している方々も多いと思う。これは、見た目にはわからないものの、損耗が大きくコインメックの受け入れ範囲外になっているものである。

② 紙幣の識別

紙幣の識別は、ビルバリデータに搭載されたセンサーで用紙やインクの特性を検知し、あらかじめインプットされている真券のデータと照合し、受け入れの可否を瞬時に判断する仕組みとなっている。

券面のどの部分を検知しているかについては、防犯上の観点から各ビルバリデータメーカーの機密事項となっている。

自動販売機においては、使い勝手およびビルバリデータの構造上、長手＝横方向に紙幣を搬送するものが主流だが、多数枚を短時間で識別することが求められる金融機関のＡＴＭでは、短手＝縦方向に紙幣を搬送するものが大半となっている。

紙幣の挿入方向は、表裏、左右の組み合わせで4通りある。市中にある自動販売機のビルバリデータの大半は、いずれの方向から紙幣が挿入されても識別できるプログラムを具備している。

③ 釣銭へのリサイクル

現在、多くの飲料自動販売機で使用できる通貨は、硬貨については10円、50円、100円、500円の4貨種、紙幣については千円のみとなっている。

投入された硬貨は、釣銭チューブに収納され、釣銭として活用される。これを硬貨のリサイクル機能といい、日本の自動販売機ではごく一般的な機能だが、欧米においては導入が始まったばかりである。

④ 二千円紙幣対応

平成12(2000)年、二千円紙幣が発行された。日本では珍しい2の単位の通貨ということで普及が期待されたが、人気はことのほか低迷し、平成16年度以降は印刷が中止されている。

二千円紙幣が普及しなかった要因として、自動販売機やATMが対応しなかったことがあげられることが多い。これは間違いといえよう。

平成13年以降に製造された自動販売機に具備されているビルバリデータには、二千円紙幣を読み取るソフトが搭載されているが、二千円紙幣の流通量が少ないことから、同紙幣への対応が自動販売機の管理運営者と利用者の双方にニーズが生じていない。

オペレータなどが希望すれば二千円紙幣を受け入れることは、技術的に可能である。しかしながら、現状の自動販売機は千円紙幣を釣銭として払い出す機能を有していないことから、二千円硬貨で１４０円の飲料を購入された場合、１８６０円の釣銭をすべて硬貨で払い出すことになる。最少でも、５００円硬貨３枚、１００円硬貨３枚、50円硬貨１枚、10円硬貨１枚、計８枚の硬貨が釣銭として排出される。これは、消費者利便を損なうとともに、釣銭切れが頻繁に生じる可能性をはらみ、運用上は困難となっている。

ＡＴＭにおいても同様で、現状の機器では二千円紙幣を識別する機能は具備され、また、二千円紙幣を払い出すことも可能である。ただし、こちらも金融機関などの運用上の問題から受け入れは行うものの、払い出しは行っていない。

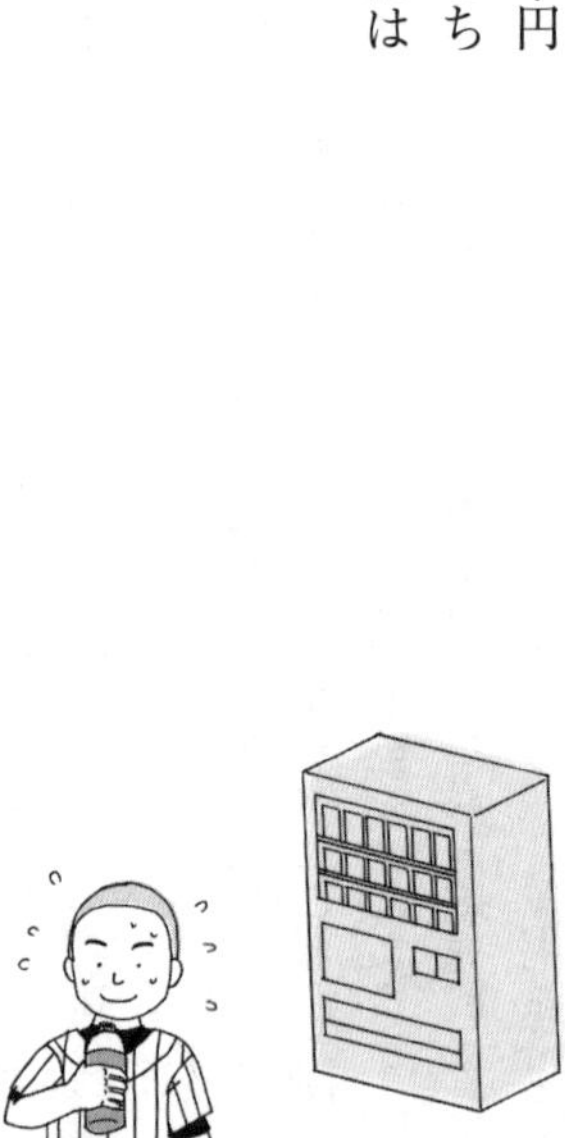

第6章 環境問題への対応

本章では、他業界に先駆けた自動販売機業界の、環境問題への対応を紹介する。

1 オゾン層保護

(1) 冷媒の変遷

飲料自動販売機の冷媒としては、フロン（CFC＝クロロフルオロカーボン）が使用されていた。フロンは、科学的、熱的にきわめて安定しているため、開発当時は「夢の物質」としてもてはやされた。

しかしながら、昭和40年代にオゾン層破壊が問題化すると、フロンはその原因物質とされ、昭和60（1985）年の「オゾン層保護」のためのウィーン条約や、62年に採択され、平成元（1989）年に発効した「オゾン層を破壊する物質に関するモントリオール議定書」により、製造および輸入の禁止が決定された（図表6―1）。

国内においても、昭和63年に「特定物資の規制等によるオゾン層の保護に関する法律（通称、オゾン層保護法）」が制定され、CFCについては、平成8（1996）年以降全廃することが決められた。

自動販売機業界ではこれを受け、平成2年、CFCよりもODP（オゾン層破壊係数）の低いHCFC（ハイドロクロロフルオロカーボン）への移行を12年完了目標にスタートした。

HCFCは、前述の通りCFCよりODPは少ないものの、満足できる数値ではなかった。このため

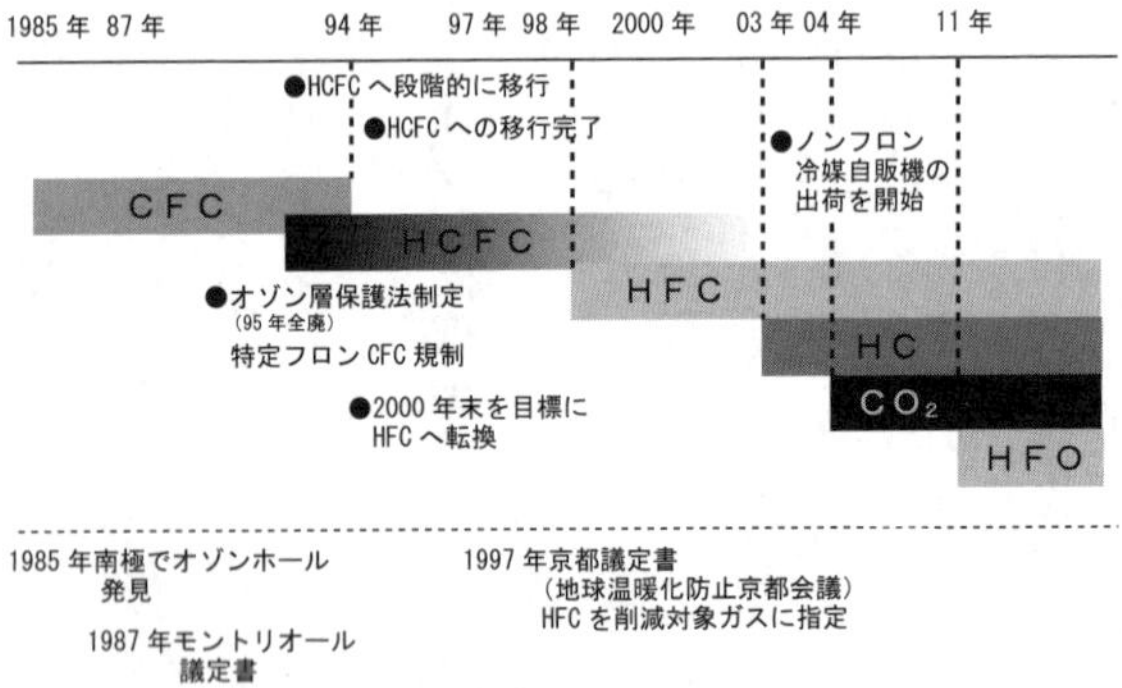

図表6－1

冷媒の変遷社会背景

業界は平成10年、ODPゼロの代替フロンHFC（ハイドロフルオロカーボン）への移行を開始した。

しかしながら、HFCはODPがゼロであるものの、GWP（地球温暖化係数）が1000以上あり、平成9年に京都で開催された「第3回気候変動枠組条約締結国会議（COP3）」で採択された、「京都議定書（正式名称：気候変動に関する国際連合枠組条約の京都議定書）」における削減対象ガスとなっている。

環境問題を最重要課題と認識する自動販売機業界は、低GWP冷媒へ移行することとし、飲料自動販売機メーカー1社は平成15年からHC（炭化水素）を、ほかの飲料自動販売機メーカーは翌16年からCO_2（二酸化炭素）の採用を始めた。

いずれも自然界に存在する物質で、ODPゼロ、GWPはHCが4、CO_2が1と地球環境負荷への影響はきわめて少ないが、HCは可燃性であること、CO_2は省エネ性能が若干劣ることなど、一長一短となっている。

蛇足になるが、地球温暖化防止＝二酸化炭素の排出量削減とされているなか、冷媒にCO_2を使用するのはおかしいのではないかと考えられる方もいよう。

二酸化炭素排出量の削減とは、新たに創生される二酸化炭素を大気中に放出しないことである。冷媒に使用されるCO_2は、大気中にあるものを使用し、使用後は再び自然界に戻すものである。

現在、自動車業界などでODPゼロ、GWP4程度、かつ省エネ性能にも優れたHFO（ハイドロフルオロオレフィン）の採用が検討されており、自動販売機業界においては一部のメーカーが平成23年製造機より採用している。

HFOは、HFCとの互換性もあるとされ、新たな設備投資を行わず移行できることが期待されている。今後はHC、CO_2、HFOといった低GWP冷媒を使用した自動販売機が主流となり、地球温暖化防止にいっそう寄与することが期待される。ただし、このためには言葉が一人歩きしている『ノンフロン』の定義を明確にすることが急務である。

(2) フロン／代替フロンの回収

前項で述べた通り自動販売機の冷媒は、オゾン層破壊にも地球温暖化にも影響の少ない物質への移行が進められている。

自動販売機業界では、同時に市場で稼動する自動販売機に冷媒として充填されているフロン、および代替フロンの適正回収・破壊を推進している。

平成12（2000）年、「廃棄物の処理及び清掃に関する法律（通称、廃掃法）」の改正に際し、廃棄物処理に当たっては廃棄物には該当しないものの、フロン類（ＣＦＣ、ＨＣＦＣ、ＨＦＣを含む。以下、同じ）を事前選別することが望ましいとされた。

また、翌13年には「特定製品に係るフロン類の回収及び破壊の確保等に関する法律（通称、フロン回収破壊法）」が制定され、飲料自動販売機が第一種特定製品に指定され、廃棄時におけるフロン類の適正回収および破壊処理の実施が法的に義務づけられた。

日本自動販売機工業会、全国清涼飲料工業会、日本自動販売協会の業界3団体は平成12年、廃掃法に規定される「産業廃棄物管理票（通称、マニフェスト）」にフロン類回収指示欄を設け、適正回収・処理の徹底を図った（図表6—2）。

平成19年には、フロン法改正にともない、第一種特定製品の所有者に対しフロン類回収にかかる行程管理票（通称、フロンマニフェスト）の交付が義務づけられた。

自動販売機業界では、フロン類の回収が使用済み自動販売機の産廃処理と併行して実施されることが多いことから、環境省、経済産業省の了解の下に産廃マニフェストとフロンマニフェストを合体させた独自の管理票を作成し、廃掃法およびフロン回収破壊法の遵守を徹底している。

この結果、使用済飲料自動販売機からのフロン類回収は、台数ベースでほぼ１００％となっている。

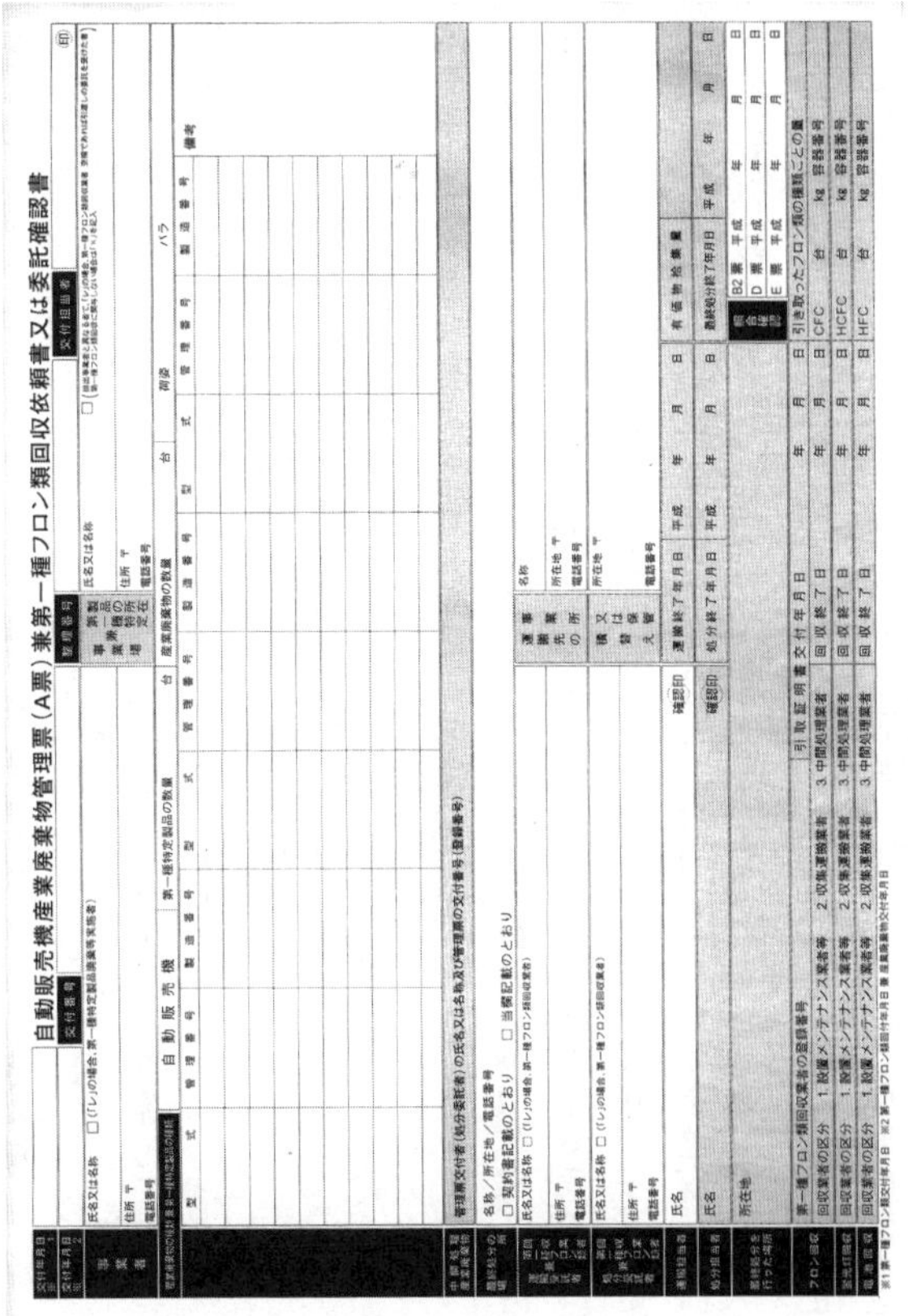
自動販売機産業廃棄物管理票（A票）兼第一種フロン類回収依頼書又は委託確認書

交付年月日／交付番号／整理番号／交付担当者

事業者：氏名又は名称／住所／電話番号

第一種特定製品の所在地：氏名又は名称／住所／電話番号

産業廃棄物の種類　第一種特定製品の数量　台　産業廃棄物の数量　台　荷姿　バラ

自動販売機：型式／管理番号／製造番号　備考

管理票交付者（処分委託者）の氏名又は名称及び管理票の交付番号（登録番号）

最終処分の場所：名称／所在地／電話番号　□ 契約書記載のとおり　□ 当欄記載のとおり

運搬受託者：氏名又は名称／住所／電話番号　運搬先の事業場：名称／所在地／電話番号

処分受託者：氏名又は名称／住所／電話番号　積替え又は保管：所在地／電話番号

運搬担当者：氏名　確認印　運搬終了年月日　平成　年　月　日　有価物拾集量

処分担当者：氏名　確認印　処分終了年月日　平成　年　月　日　最終処分終了年月日　平成　年　月　日

最終処分を行った場所：所在地　照合確認：B2票 平成　年　月　日／D票 平成　年　月　日／E票 平成　年　月　日

第一種フロン類回収業者の登録番号　引取証明書交付年月日　平成　年　月　日　引き取ったフロン類の種類ごとの量

フロン回収：回収業者の区分　1. 設備メンテナンス業者等　2. 収集運搬業者　3. 中間処理業者　回収終了日　年　月　日　CFC　台　kg　容器番号

室外機回収：回収業者の区分　1. 設備メンテナンス業者等　2. 収集運搬業者　3. 中間処理業者　回収終了日　年　月　日　HCFC　台　kg　容器番号

部品回収：回収業者の区分　1. 設備メンテナンス業者等　2. 収集運搬業者　3. 中間処理業者　回収終了日　年　月　日　HFC　台　kg　容器番号

※1 第一種フロン類交付年月日　※2 第一種フロン類回収年月日　※ 産業廃棄物交付年月日

図表6－2　産業廃棄物管理票（マニフェスト）

2 3Rの推進

(1) 自動販売機の製品アセスメント

日本自動販売機工業会は平成14(2002)年、「自動販売機製品アセスメントガイドライン」を策定した。同ガイドラインは、自動販売機の生産から、設置、使用、オーバーホール・リニューアル、廃棄にいたるすべての段階において、環境負荷を低減することを目的に、3R(リデュース=廃棄物の抑制、リユース=再使用、リサイクル=再資源化)をより促進すべく、製造事業者自身が行う設計段階からの客観的な評価方法を示したものとなっている。

同ガイドラインでは、以下の8行程についてそれぞれの評価項目、評価基準、評価方法が定められている。

1) リデュース(省資源化)
2) リユース(再使用化)
3) リサイクル(再資源化)
4) 省エネルギー
5) 処理容易性
6) 環境保全性
7) 包装
8) 情報提供

同会傘下の飲料自動販売機、たばこ自動販売機メーカー各社は、同ガイドラインに基づく製品アセスメントの徹底を図り、平成21年度以降は、各社とも適用率100%を達成している。

(2) 使用済み自動販売機の適正廃棄

使用済みとなった自動販売機が産業廃棄物として処理されることは、前述の通りである。本項では、そのプロセスについて述べる。

一定の使用年限を経た自動販売機は、ロケーションから引き揚げられ飲料メーカーやオペレータの拠点に集積される。集積された自動販売機は、点検の上、オーバーホールなどを施し市場に再投入されるものと、廃棄されるものに分別される。

廃棄されるものについては、飲料メーカーやオペレータなどが排出事業者として、産業廃棄物収集運搬業者、中間処理業者に収集運搬、中間処理を委託する。

この際に飲料メーカーなどは、自ら排出した産業廃棄物が適正に収集運搬、中間処理、最終処分されたことを確認するための産廃マニフェストの交付を義務づけられている。

自動販売機業界では、廃掃法の要求事項をすべて盛り込み、かつ使用しやすい独自のマニフェストを使用している。

中間処理場に持ち込まれた使用済自動販売機は、フロン回収、蛍光灯など有害物質を含むものの事前選別を実施した上で（排出事業者、収集運搬業者などの段階で実施済みの場合を除く）、破砕機（シュレッダー）にかけられ、小片に破砕される。

破砕された小片のうち鉄系金属などは回収され、資源リサイクルされる。自動販売機は、重量ベースで70～80％が鉄系となっている。

また、残渣《ざんさ》（シュレッダーダスト）は、最終処分場に持ち込まれ、埋め立てられたり、熱回収（サーマルリサイクル）されたりする。

排出事業者の適正処理の確認義務は、平成17（2005）年の廃掃法改正までは収集運搬と中間処理に留まっていたが、改正以降は最終処分までの確認が義務づけられている。

3 地球温暖化防止

(1) 地球温暖化防止

① 飲料自動販売機の消費電力量低減

平成9（1997）年に京都で開催された「地球温暖化防止京都会議」（COP3）において京都議定書が採択された。

日本自動販売機工業会では、京都議定書に先駆け、平成3年から飲料自動販売機の第一次消費電力量削減計画を実施した。

第一次計画は、缶・ボトル飲料自動販売機を対象とし、目標年（平成8年）に出荷した機械の1台当たりの年間消費電力量を、基準年（3年）に対し20％削減するというもの。自動販売機メーカー全社は、目標年にこれを達成した。

続いて、平成8年から13年の5年間にわたり第二次消費電力量削減計画が実施された。第二次計画では、対象を缶・ボトル飲料自動販売機のみならず、カップ式飲料自動販売機、紙パック式飲料自動販売機を含むすべての飲料自動販売機とした。

削減目標値は、全機種において15％とされ、自動販売機メーカー各社はこれを達成した。

② 省エネ法特定機器への指定

業界の第二次消費電力量削減計画の終了とほぼ同時期の平成14（2002）年、缶・ボトル飲料自動販売機が「エネルギーの使用の合理化に関する法律（通称、省エネ法）」に基づく特定機器に指定された。

特定機器とは、国内で大量に使用されている機器で、使用に際して相当のエネルギーを消費するもののなかから政令指定されるものである。特定機器ごとにエネルギー消費効率が商品化されている製品のうち、もっとも優れているものを「トップランナー」とし、トップランナーを基準とした省エネ性能の向上に関する製造事業者等の判断基準が定められる。

自動販売機の判断基準では、基準年を平成12（2000）年とし、目標年の17年には、1台当たりの消費電力量を平均33・9％削減することが規定され、飲料自動販売機メーカーは目標達成を法的に義務づけられた。全飲料自動販売機メーカーは、さまざまな省エネ技術の開発によりこの目標値をクリアした。

平成19（2007）年には、飲料自動販売機が再び特定機器に指定された。今次の指定は、カップ式飲料自動販売機、紙パック式飲料自動販売機を含む飲料自動販売機全機種とされ、17年から24年の7年間での削減目標値が設定された。判断基準に基づく目標値は、偶然にも第一次指定と同じ33・9％とされた。

過去15年間で大幅な消費電力量削減（缶・ボトル飲料自動販売機で約55％、その他で15％）を達成した飲料自動販売機メーカーにとって、今次の目標値は、相当にハードルが高い。しかしながら各メーカーは、ヒートポンプなど最新の省エネ技術の開発、導入を進め、平成24年には目標を達成した。

③ 省エネ技術の開発

飲料自動販売機の省エネ化を進めるにあたり、多くのユニークな技術が開発、導入された。本項では、そのなかの代表的なものを紹介する。

〔ゾーンクーリング〕

冷蔵庫は庫内全体を冷やしているが、缶・ボトル飲料自動販売機では庫内の下部の一部のみを冷やすゾーンクーリングという機能が導入されている（図表6―3）。

これは、飲料が下から順に販売されることから、もうすぐ売れていく商品だけを冷却することで電力消費を少なくする機能である。どれくらいの部分を冷却すればよいかは、内蔵のマイコンが売れ行きなどから判断する。

〔照明の調光、自動点灯・消灯〕

自動販売機に取りつけられている蛍光灯は、インバーターで調光され、50％以上の電力消費が減少されている。

また、内蔵されたセンサーにより周囲の明るさを感知して、一定の明るさになると蛍光灯が自動的に消灯し、逆に一定の暗さになると再び自動的に点灯する機能を具備している。この機能により

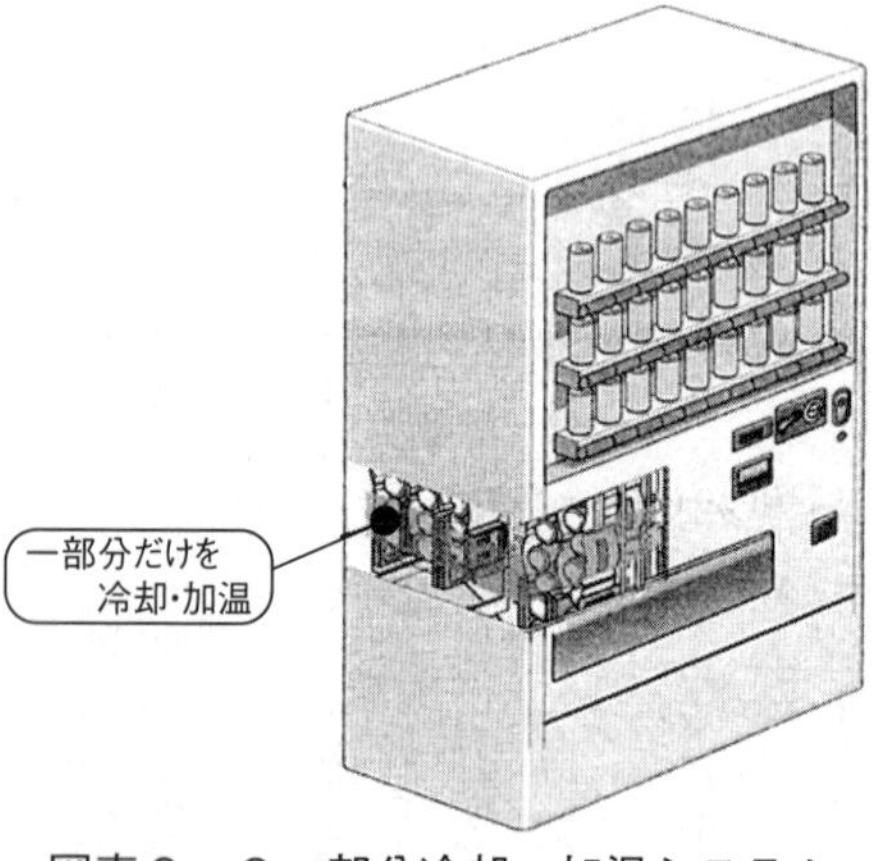

図表6－3　部分冷却・加温システム

不要な電力消費を回避している。

〔真空断熱材〕

庫内の商品をいかに効率よく冷却・保温できるかのカギを握るのが断熱材である。現在、飲料自動販売機に使用されているものは、保温性にすぐれた真空断熱材（グラスウールなどを真空パックし、金属フィルムで覆ったもの）で、暖気や冷気を逃さず、エネルギー効率を高めている。

〔ヒートポンプ〕

ヒートポンプ式自動販売機は、従前は外気に排出していた冷却機からの廃熱を、ホットの商品を温めるのに利用する方式である。廃熱のみで商品を適温にすることは不可能だが、加温機のエネルギー消費を大幅に削減することに資する。

現在、ヒートポンプ式自動販売機は、缶・ボトル飲料自動販売機の主流になりつつある。

④ エコ・ベンダーの普及

平成7（1995）年、自動販売機メーカーは飲料メーカー、電力会社と共同でピークシフト・ピークカット機能を有する缶・ボトル飲料自動販売機「エコ・ベンダー」を開発した。

エコ・ベンダーは、オフィスや家庭でエアコンがいっせいに使用され、電力需要がピークとなる夏場（7月1日～9月30日）の平日には、午前中に商品を十分に冷やしこみ、午後（13時～16時）には冷却機の運転をストップするピークシフト・ピークカット機能を有するという仕組みである。ピークシフト・ピークカット機能は出荷時に設定され、オペレータなどが市場で解除することはできない。ただし、商品温度が5℃を超えた場合と3分以上扉が開けられた場合には、冷却機の運転は再開される。

エコ・ベンダーにより電力需要の平準化が図られ、電力消費の集中を抑えることで二酸化炭素の排出抑制に貢献している。

現在、缶・ボトル飲料自動販売機のほぼ100％がエコ・ベンダーとなっている。

⑤ 飲料自動販売機の年間総消費電力量削減

前項までで述べた通り、飲料自動販売機はさまざまな省エネ技術の開発、導入により年々その消費電力量を削減してきた。

しかしながら、原単位のみならず総量での消費電力量を削減することも、地球温暖化防止にとって重要な課題となっている。このため、全国清涼飲料工業会、日本自動販売協会、日本自動販売機工業会、日本自動販売機保安整備協会の飲料自動販売機業界4団体は平成20（2008）年、「清涼飲料自販機協議会」を設立し、市中に設置されている清涼飲料自動販売機の年間消費電力量削減のための自主行動計画を策定した。

自主行動計画は、平成17（2005）年を基準年とし、短期、中期、長期の3つのステージに区切られ、それぞれのステージにおける削減目標が設定されている。

短期は、平成24年を目標年とし、37・1％という、ほかの分野に例をみない高い削減目標を打ち立てている。削減のための具体的な方策としては、ハード面ではヒートポンプ式自動販売機など省エネ性能の高いものを導入すること、運用面では屋内設置自動販売機の24時間消灯があげられている（図表6—4）。

中期は、2020年を目標年とし、2005年に対し50％の削減を目標としている。中期における具体的な方策としては、LED照明の採用、人感セ

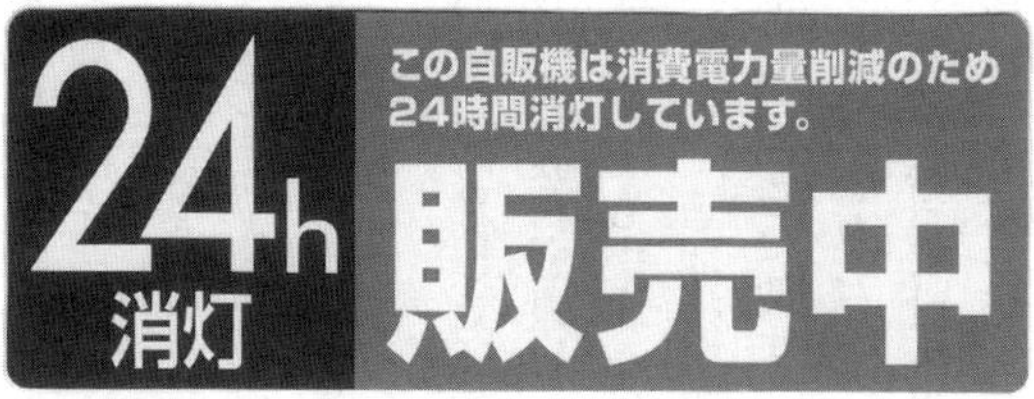

図表6－4　24時間消灯を示すステッカー

ンサー照明の導入の検討などがあげられている。

長期は、目標年を２０５０年とし、基準年に対し60％削減することとしている。ＩＨによる瞬間加温・冷却、燃料電池など、今後普及が見込まれる省エネ技術を積極的に導入することとしている。

清涼飲料自販機協議会の発表による平成22年における自主行動計画の進捗状況は32・4％削減で、短期目標年における達成率は、目標を上回ることが予想されている。

(2) グリーン購入法

① グリーン購入法特定調達品目への追加

「国等による環境物品等の調達の推進等に関する法律（通称、グリーン購入法）」は、平成12（２０００）年5月に「環境型社会形成推進基本法」の個別法の一つとして制定されたものである。

同法は、国等（省庁、国の独立行政法人、国立大学など）の公的機関が率先して環境物品など（環境負荷低減に資する製品・サービス）の調達を推進するとともに、環境物品等に関する適切な情報提供を促進することにより、需要の転換を図り、持続発展が可能な社会の構築を推進することを目的としている。

同法は、国の機関に対しては義務を、地方公共団体に対しては努力義務を課している。

自動販売機についても平成22年度の「特定調達品目検討会」において追加指定が検討され、23年度の「環境物品等の調達に関する基本方針（通称、基本方針）」に盛り込まれた。

対象とされたのは飲料自動販売機で、国等の施設においての設置にあたって、判断基準および配慮事項が規定された。

判断基準とは、同法第6条2項2号に規定される特定調達物品等であるための条件で、飲料自動販売機については次の6項目とされている。

・消費電力量が省エネ法に規定する目標を上回らないこと[※1]。

・冷媒にオゾン層破壊物質および代替フロン（ＨＦＣ）が使用されていないこと[※2]。

・断熱材にオゾン層破壊物質および代替フロン（ＨＦＣ）が使用されていないこと。

・評価基準に示された環境配慮設計がなされていること。また、その実施状況についてウェブサイトなどで公表され、容易に確認できること。

・特定化学物質が含有基準値を超えないこと。また、含有情報がウェブサイトなどで容易に確認できること。

・使用済自動販売機の回収リサイクルシステム

があり、リサイクルされない部分については適正処理されるシステムがあること。

※1　災害対応自動販売機、ユニバーサルデザイン自動販売機、社会貢献型自動販売機のうち、当該機能を有することにより消費電力量の増加するものは適用除外。

※2　地球温暖化係数１４０未満の冷媒については認められる。また、ＨＦＣ使用禁止については、カップ式飲料自動販売機および紙容器飲料自動販売機は適用除外。また、缶・ボトル飲料自動販売機についても、平成23年度は経過措置として容認し、24年度以降についても市場動向を勘案しつつ経過措置の延長などを検討する。

判断基準は、飲料自動販売機を新規に設置する場合が対象となり、すでに契約期間中のものおよび契約更新に際して自動販売機の入れ替えが発生しない場合には、適用しないものとされている。これは、本来入れ替えを行うタイミングでない時期の入れ替えは、廃棄物の発生などの新たな環境負荷の増大につながるおそれがあることからである。

配慮事項とは、特定調達物品等であるための必須条件ではないが、調達に当たって、さらに配慮することが望ましい事項で、飲料自動販売機については次の8項目とされている。

・年間消費電力量および目標達成率、冷媒の種類および地球温暖化係数、ならびに封入量が自動販売機本体の見やすいところに表示されているとともに、ウェブサイトにおいて公表されていること。

・屋内設置機については、夜間周囲に照明機器がなく、商品の選択、購入に支障をきたす場合を除き、照明が24時間消灯されていること。

・屋外設置機については、庇などで自動販売機本体に日光が直接当たらないよう配慮されていること。
・カップ式飲料自動販売機にあっては、購入者が持参するマイカップに対応可能であること。
・真空断熱材等の熱伝導率の低い断熱材が使用されていること。
・自動販売機本体と併設して空容器回収箱を設置するとともに、空容器の分別回収およびリサイクルを実施すること。
・自動販売機の設置・撤去、商品の補充、空容器の回収等に当たって低燃費・低公害車を使用する、配送効率の向上の取り組みを実施するなど、物流にともなう環境負荷の低減が図られていること。
・製品の包装は、可能なかぎり簡易であって、再生利用の容易さおよび廃棄時の負荷低減に配慮されていること、または包装材の回収および再使用または再生利用システムがあること。

また、調達者に対する留意事項として、次の3つの事項があげられている。

・利用人数、販売量等を十分に勘案し、必要な台数、適切な大きさの自動販売機を設置すること。
・設置場所（屋内・屋外、日向・日陰など）によってエネルギーの消費などの環境負荷が異なることから、可能なかぎり環境負荷の低い場所に設置するよう検討すること。
・マイカップ対応型自動販売機の設置に当たっては、設置場所および周辺の清掃・衛生面の確認を行い、購入者への注意喚起を実施するとともに、衛生面における問題が生じた場合の責任の所在を明確にすること。

②グリーン購入法への業界の対応

飲料自動販売機については、飲料メーカー、オペレータが所有し、国等の機関が購入するケースはないことから、業界では当初、「購入」に該当しないためグリーン購入法の適用対象外との考えもあった。しかしながら、「購入」は通称であり、正式にはサービスの提供を含む「調達」が法の趣旨である。このため、「飲料自動販売機設置」も法の対象であることが判明した。

全国清涼飲料工業会、日本自動販売協会、日本自動販売機工業会の３団体は、法の趣旨および国の方針を前向きに受け止め、判断基準等の作成に協力した。

平成22（２０１０）年９月、特定調達品目検討会に設置された「自動販売機分科会」に３団体からそれぞれ委員参加し、３回にわたる分科会において判断基準等案に対する意見具申を行った。

判断基準策定後は、判断基準の第４および第５項、配慮事項の第１項に示された情報公開方法の検討を進めた。

各項の内容は、清涼飲料自販機協議会、日本自動販売機工業会のウェブサイトで容易に確認できるようになっている。また、本体への表示についても随時実施されている。

初年度の平成23年度においては、省エネ目標の達成、ＨＦＣの原則使用禁止など業界にとって厳しい状況にある。しかしながら、ヒートポンプ機の採用、冷媒の低温室効果ガスへの移行などにより、グリーン購入法適合機種の普及が順次進むものと思われる。

第7章

自動販売機を取り巻く環境の変化

順調な発展を遂げてきた自動販売機産業であるが、ここ数年来大きな環境変化に直面している。一つは経済的な環境の変化であり、いま一つは社会環境の変化といえよう。

1 経済環境の変化

(1) コンビニエンスストアとの競合

飲料自動販売機は、24時間いつでも、どこでも、手軽に飲料を買えるツールとして国民に慣れ親しまれてきた。しかしながら、ここ10年来、コンビニエンスストアの台頭により競合が激化してきたことも否定できない事実である。

日本フランチャイズチェーン協会に加盟するコンビニエンスストアの店舗数は、平成22（2010）年末現在で4万3372店となっている。一方、同年末の飲料自動販売機の普及台数は、259万1920台。数字的には、圧倒的にコンビニエンスストアを上回っているものの、コンビニエンスストアでの弁当やデザートと飲料の合わせ買いなどが増加していることから、飲料自動販売機のパーマシンに影響を及ぼしていることは明白である。

合わせて、平成20（2008）年より始まった、たばこ自動販売機での成人認証も、飲料自動販売機とコンビニエンスストアとの競合に大きな変化をもたらした。

未成年者喫煙防止の観点からたばこ自動販売機でのたばこ購入には、成人のみに発行されるtaspoカードをかざすことが必須となった（写真

7―1）。taspoカードは、現在１０００万枚以上発行されており、推定喫煙人口に対し40%近くの普及率となっているものの、自動販売機の利用率は、実施前と比べ急減している。

従前、出勤途中にたばこ自動販売機でたばこを購入し、隣の飲料自動販売機で缶コーヒーを買うという、いわゆる「ついで買い」が多くみられた。しかしながら、taspo導入後、たばこの購入の多くがコンビニエンスストアにシフトしたことから、缶コーヒーのついで買いもコンビニエンスストアに移り、その結果、たばこ自動販売機の隣に設置された飲料自動販売機のパーマシンが減少している。

また、ディスカウント自動販売機や量販店での飲料の低価格販売も、従前からの飲料自動販売機に少なからぬ影響を与えている。

写真７－１　TASPOカード

(2) 自動販売機設置にかかる入札

近年、地方公共団体における自動販売機設置の入札も飲料メーカー、オペレータに経済的な圧迫を与えている。

従前の随時契約によりロケーションマージンを受け取る形態から、行政財産の貸付に関する入札方式を採用する地方公共団体が増えつつある。

(3) 販売方法の再考

前述のような経済環境変化に対応すべく、飲料業界自動販売機においてもM&A、業務提携などの業界再編成が徐々に進められている。

　他方、商品の販売方法についても再考すべき時期にいたっている。

　これまで飲料自動販売機は、「ワンストップ・ワンショッピング」の機器であった。すなわち、1台の自動販売機で購入する商品は、基本的に1アイテムである。この図式を打破することが不可欠である。

　1台の自動販売機で飲料＋αの販売を行う。写真7—2は、最近の成功例である。

　飲料自動販売機に栄養食品の小機が付設されている。飲料の購入者の多くが栄養食品も購入し、非常に好評を博しているとのこと。従前は、購入者1人に対し飲料1本分の売上げだったものが、倍の売上げを得ることができるようになり、パーマシン向上に大いに寄与している。

　何を併売するか、どのような見せ方で販売するかが今後の課題となろう。

写真7－2　食品用ジュニア自販機

2 社会環境の変化

経済環境の変化と相まって、社会環境の変化も飲料自動販売機業界に多大な影響を及ぼし始め、さまざまな要請が寄せられている。

(1) 自動販売機の環境対応

社会環境の変化の最たるものは、環境問題への関心の高まりといえる。

改正省エネ法により事業者による省エネが厳格化されたことを受け、飲料メーカー、オペレータ各社は、オフィス、工場などのロケーションよりヒートポンプ式自動販売機、低温室効果ガス、いわゆるノンフロン冷媒（ＨＣ、CO_2、ＨＦＯ）の自動販売機の設置を求められることが多くなっている。この傾向は、前述のグリーン購入法特定調達品目への追加により、さらに強くなることが確実である。

(2) 災害対応自動販売機

阪神淡路大震災以降、地方公共団体などからは、災害対応型自動販売機の設置を要請されるケースも増え始めている。

災害対応型自動販売機は、次の３つに大別できる。

・市町村等との協定により、地震などの災害時に自動販売機内の飲料を住民に無償で提供する機能を有するもの。

・電光掲示板、ディスプレイなどを具備し、通常時は市町村のお知らせ、ニュースなどを流し、災害時には非難場所、被害状況などの情報を流す機能を有したもの。

・右記２つの機能を合わせもつもの。

災害対応自動販売機は、今後ますます増加することが予測される。

(3) ユニバーサルデザインタイプ自動販売機

「人に優しい自動販売機」も求められ、開発、普及が進んでいる。

年配の方々や女性から、自動販売機の取り出し口は下の方にあり、腰をかがめないと商品を取り出せないので不便だ、との指摘を受けることがある。

身体障害者の方々などからは、硬貨を1枚1枚投入しなければならず、使い勝手が悪い、との指摘も受ける。

これらの意見を反映し、だれにでも容易に利用できるよう操作性、操作方法を工夫したのがユニバーサルデザインタイプの自動販売機である（図表7―1）。

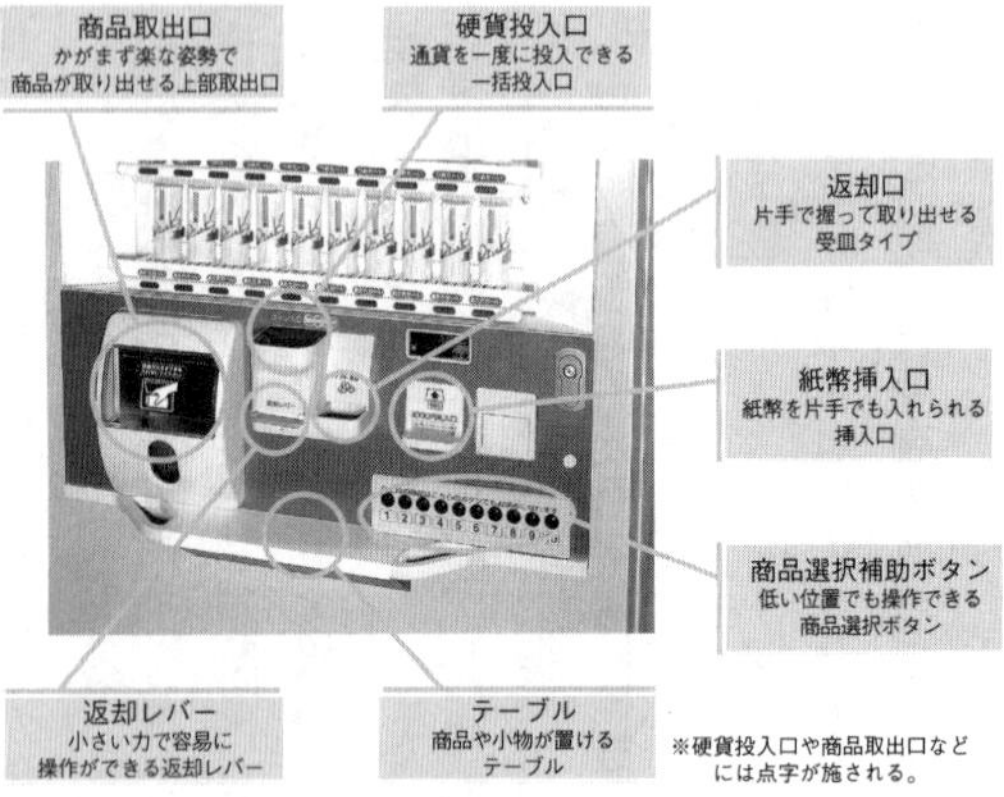

※硬貨投入口や商品取出口など
には点字が施される。

図表7－1

ユニバーサルデザインタイプの自動販売機

主な特徴としては、次のような構造があげられる。

・商品取出口……かがまず楽な姿勢で商品を取り出せるよう上部に配置されている。これは、落下した商品をベルトコンベヤーのような装置で上部に搬送する仕組み。

・硬貨投入口……受け皿を具備し、硬貨を一度に投入できる構造。

・商品選択補助ボタン……車イス利用の方でも容易に商品選択できるよう、低い位置に商品選択用の補助ボタンを配置。

ユニバーサルデザインタイプの自動販売機に関しては、日本自動販売機工業会が設計指針を設けていたが、これをベースに平成22（2010）年、「高齢者・障害者配慮設計指針―自動販売機の操作性」（JIS S 0041）としてJIS（日本工業規格）化された。

ユニバーサルデザインタイプの自動販売機は現在、主として駅、役所、病院、学校、体育館などの公共性の高い場所に設置されている。

(4) 景観との調和

前述以外の社会的要請としては、景観調和があげられる。

景観形成に関しては、従前より景観条例を制定する地方公共団体があったが、平成16（2004）年に基本法となる「景観法」が制定されたことにより、その数は増した。

自動販売機に関する規制を設ける地方公共団体も多く、その多くは風致地区や景観地区などを設け、自動販売機の色、設置場所など規定している。

自動販売機業界では、自動販売機の景観対応は必要に応じて対応すべきであるとの認識をもっているものの、各地方公共団体が要望する固有の色で対応することは事実上不可能であることから、景観対応推奨カラーを設定し、対応している。

推奨カラーは、修正マンセル表色系5Y7・5／1・5。ソフトタッチなグレー調の色で、古い町並みなどにも調和するものとなっている。

飲料メーカー、オペレータは、条例などに基づき地方公共団体などから求められたときには、景観対応推奨カラーで対応している。ただし、街の賑わいも都市景観形成で重要なファクターであることから、繁華街などにおいては従前の各社のカラーで設置している。

(5) さらなる安全設置対策

自動販売機の転倒防止策として、JIS「自動販売機据付基準」が制定されていることは、前述した通りである。この基準は、コンクリート面に設置する際の基準を示したものだが、実際にはコンクリート面だけでなく、アスファルト面やタイル面などへの設置も多い。しかしながら、このような設置面に対する基準は確立されていなかった。

このため、日本自動販売機工業会、全国清涼飲料工業会、日本自動販売協会、日本自動販売機保安整備協会の4団体は平成17（2005）年、「自動販売機耐震化技術研究会」を設置し、基準の策定に着手した。

同研究会は、早稲田大学創造理工学部の曽田五月也教授を座長に迎え、2度の加振実験を含めさまざまな角度からの検討を3年間にわたり実施し、平成20年に「自動販売機据付規準」を取りまとめた。

同規準では、JIS基準で規定されていなかったアスファルト面等への設置方法、留意事項などが規定された。

3 さらなる省力化・合理化要請

流通における省力化、合理化機器として世界に類をみない高普及を果たした自動販売機であるが、ここにきてさらなる省力化・合理化が求められている。

(1) キャッシュレス化

自動販売機は、硬貨を大量に扱う事業である。飲料メーカー、オペレータなどは、硬貨の回収、両替などのコインハンドリングに少なからぬコストを掛けている。いかにこのコストを低減するかが命題であり、その解決策として早くからキャッシュレス販売が検討されてきた。

飲料自動販売機に採用可能なキャッシュレス決済方式としては、以下のようなものが考えられる。

・プリペイドカード（磁気カード）
・クレジットカード
・デビットカード
・電子マネー

小額決済である飲料自動販売機にとって、クレジットカードやデビットカードは現実的でないことから、日本自動販売機工業会では昭和63（1988）年、自動販売機メーカーはもとより、飲料メーカー、オペレータ、学識経験者の参加の下に「カードシステム研究会」を設置し、自動販売機のプリペイドカード対応を進めることとした。

①プリペイドカード対応での試み

プリペイドカードは、昭和52（1977）年に電電公社（現NTT）が発行したテレホンカードが最初で、その後JRのオレンジカード、首都圏私鉄のパスネット、ガソリンスタンドやファストフード店で使用できたユーカードなどつぎつぎと発行された。

平成元（1989）年には「前払式証票の規制等に関する法律（通称、プリペイドカード法）」が制定され、消費者保護とプリペイドカード普及促進のためのインフラが整備された。

自動販売機においても、既存のプリペイドカードを利用したキャッシュレス決済のトライアルが行われたが、いずれも成功しなかった。

不成功の主な理由としては、「精算」にある。1飲料メーカーが独自に発行するプリペイドカードにおいては、当該飲料メーカーが自身で管理運営するフルサービスの自動販売機では、精算の必要は生じない。

しかしながら、オペレータや商店などへの貸与機については、精算の必要が生じる。オフラインの自動販売機では、これらの精算を適確に実施することは非常に煩雑となり、事実上不可能である。

プリペイド対応自動販売機を普及させるためには、消費者利便を考慮すると1飲料メーカーの自動販売機のみで使えるカードではなく、複数の飲料メーカーの自動販売機で使用できる共通カードが必須であった。たとえばテレホンカードやオレンジカードで購入できるといったことである。しかしながら、このような共通カードの利用においても前述の精算の問題が生じる。

かかる要因により、プリペイドカード自動販売機構想は、成功にいたらなかった。

②電子マネー導入の試み

このような状況下、平成７（１９９５）年、イギリスのスウィンドンでＩＣカードを利用した電子マネー「Mondex」の導入実証実験が行われた。Mondexとはフランス語で「世界」を意味する「Mond」と英語で「交換」を意味する「Exchange」を組み合わせたもの。

現在の前払式の電子マネーとほぼ同様であるが、バランサーとよばれる専用機器やパソコンにより、複数のカード間で貨幣価値データの移動(贈与、貸与）を自由にできたことが異なっていた。

自動販売機においても、一部のオフィスなどでの実証実験が実施されたが、広く普及するにはいたらなかった。

平成12年には、ビザ・インターナショナルが開発した電子マネー「ＶＩＳＡキャッシュ」による大規模実証実験が東京・渋谷で開始された。

実証実験は、「渋谷スマートカードソサエティ（略称、ＳＳＳ）」と称され、約２０００店の加盟店と１００台の飲料自動販売機などにより実施された。実験に供されたカードは、クレジットカード一体型のものと使い切りタイプのもので、いずれもＩＣ内蔵であった。

ＳＳＳは1年強の間実施され、その後は加盟店や加盟カード会社の任意の継続となったが、平成14年にすべての加盟店、加盟会社がサービスを停止した。

その後、飲料自動販売機においていくつかの電子マネーのトライアルが実施されたが、かならずしも満足のいく結果は得られていない。

③ 交通系カードと携帯電話により普及

転換期を迎えたのは、平成17年である。ＪＲ東日本が上野駅構内に電子マネー機能付ＩＣカード乗車券「Suica」で購入できる飲料自動販売機30台を設置した。同社はその後、首都圏の主要駅で自動販売機のSuica対応を進めた。

さらに同社は平成18年、「おサイフケータイ」対応の携帯電話にSuica機能を搭載した「モバイルSuica」をスタートさせた。

その後、ほかのＪＲ各社や私鉄においても同様のＩＣカード、携帯電話による電子マネーサービスおよび自動販売機対応が始まった。

駅中の自動販売機での電子マネー利用率は高く、これまでのトライアルとは異なる様相を示している。この要因は、何か？

Ｍｏｎｄｅｘ、ＶＩＳＡキャッシュなどの従前の電子マネーは、クレジットカード一体型が主流であった。したがって、カードは財布などに収納されていることが多い。３０００円前後の買い物をするには便利であり、実際にＥｄｙ、Ｎａｎａｃｏ、Ｗａｏｎなどの流通系の電子マネーでは、スーパーマーケットなどでの利用が進んでいる。

しかし、自動販売機で１２０円の飲料を購入するのに、財布からクレジットカードを出す人がどれくらいいるであろう。おそらくほとんどいないと思われる。

一方、乗車券や定期券を兼ねたSuicaなどの交通系カードや携帯電話は、大半の人が取り出しやすいところに所持している。これは、小銭を出す動作と同じくするものがあり、自動販売機での利用を容易にし、その利用頻度を高めているといえよう。

電子マネー対応自動販売機の普及は、前述の通り飲料メーカー、オペレータのコインハンドリングにかかるコスト、労力を削減、省力化するとともに、消費者利便を向上させる。

また、自動販売機内の金銭の滞留量が少なくなることから、防犯面での効果も期待できる。しかし、一方では、カードリーダーライダーのコストやコミッションをいかに吸収するかという課題も残されている。

⑵ 自動販売機情報管理システム

自動販売機を如何に効率よく管理、運営するかは、飲料メーカー、オペレータの収益に大きく影響する。

具体的には、庫内の商品の売れ行きを正確に把握し、適確な配送による売切れ、釣銭切れをできるかぎり少なくすることである。これらの情報は、ルートマン（配送要員）の勘に頼るところが多い。

どの自動販売機にどの商品をどれだけ配送するかは、ルートマンが経験則と季節、天候などから判断してきた。

しかし、消費者の嗜好の多様化などにより、かならずしもルートマンの経験則と商品の売れ行きが一致しないことも多々生じる。

すなわち、補充必要と判断した商品が在庫十分で、補充不要として持参しなかった商品が在庫不十分となるケースもある。ロードサイドの自動販売機であれば、配送車両より必要商品を改めて運べばよい。しかしながら、高層ビル、超高層ビルでは、いささか事情が異なる。

ビル内での商品配送には、一般のエレベーターを使用することは認められず、専用のエレベーターを使用することを義務づけられていることが多い。荷物専用エレベーターの数は、一般のエレベーターと比較して少ない。このため、商品配送の混雑時には、長時間待つこともしばしばである。せっかく時間をかけ運び上げた商品が不要で、再度時間をかけて降り、上がるという非効率的な配送を余儀なくされることも生じる。

さらには、配送に行った自動販売機の売れ行きが悪く、まったく商品補充を必要としないケースも考えられる。

このようなトラブルを解消し、効率的な配送を目的として、自動販売機情報管理システムが開発された。自動販売機情報管理システムは、オンライン方式とオフライン方式に大別される。

オンライン方式は、主として電話回線により自動販売機と飲料メーカーなどの拠点のホストコンピューターをつなぐものである。庫内の商品ごとの販売個数が一定の間隔でホストコンピューターに自動的に送信される。

ルートマンは、受信した販売データなどを基に、どの自動販売機にどの商品をどれだけ補充したらよいかを拠点で知ることができる。これにより、無駄を省いた的確な配送ルートを組み立てることが可能となり、配送を効率化するとともに、売切れによる販売チャンスロスを軽減することができる。また、オンライン方式では、故障を自動通報することも可能で、迅速な修復対応を取ることもできる。

しかしながら、オンライン方式は、システム開発にかかるイニシャルコスト、電話回線の使用料などのオペレーションコストの関係から、いまだ十分に普及しているとはいえない。

一方、オフライン方式は、ルートマンが携行するハンディターミナルにより、自動販売機を開扉することなく庫内の情報を収集するものである。ロケーションで情報収集することから、オンライン方式ほどの効率化は図れないものの、電話回線使用料などのオペレーションコストをかけずに瞬時に在庫、売上金、つり銭の情報を得ることができることから、多くの飲料メーカー、オペレータにより採用されている。

自動販売機情報管理システムは平成に入り開発されたが、当初は自動販売機メーカーと飲料メーカーなどとの個々の開発によるもので、互換性がなかった。すなわち、飲料メーカーは、取引先の自動販売機メーカーが複数の場合には、それぞれのメーカーとシステム開発することが必要であった。

日本自動販売機工業会は、自販機情報管理システムの普及促進を図るため、平成７（１９９５）年に通信プロトコルなどを統一した。

この結果、飲料メーカー、オペレータは、どの自動販売機メーカーの機械でも容易に情報管理システムを導入できることとなった。

(3) 自動販売機のネットワーク化

前述のように自動販売機のネットワーク化は、配送庫内情報管理を目的に構想、開発されたが、配送等の効率化により削減されるコストとイニシャル・ランニングコストとの見合いが不明瞭であったことから、当初予測ほどの普及を果たすことができていない。

しかし、ここにきて自動販売機のネットワーク化が促進されつつある。その原因の一つは、電子マネーの普及である。

自動販売機に電子マネーを採用するためには、オフラインのバッチ方式（自動販売機内に電子財布を内蔵し、ルートマンが回収する方式）も考えられなくもないが、効率、安全性などを考慮すると、オンラインによりネットワーク化することが必須である。

現状の電子マネーの主流は、プリペイド（前払い）方式である。すなわち、ICにチャージ（入金）された貨幣価値情報＝電子マネーを自動販売機側のカードリーダーライターが読み取り、IC内の価値情報を減算し、ネットワークを通じて電子マネー発行会社に送信する方式で、前述のSuicaなどがこの方式である。

これと異なり、NTTドコモが運営するおサイフケータイを利用する決済システムのiD（アイディ）は、ポストペイ（後払い）方式である。

基本的にはクレジットカードと同様に利用金額が後日引き落とされる方式で、チャージが不要となっている。こちらは一部の飲料自動販売機に採用されている。

ICカードでチャージすることは、ほかのプリペイド方式の電子マネーと変わりないが、貨幣価値情報がICチップではなく管理会社のホストコンピューターの個人口座に記録されることが特徴である。

たばこ購入時には、そのつどホストコンピューターの個人口座から減算される。

カードを紛失した場合にも紛失届けが受理された時点での残額がすべて保障される点が、他の電子マネーと大きく異なる。

プリペイド方式、ポストペイド方式のいずれにおいても自動販売機のネットワーク化が必須であることは、おわかりいただけると思う。

自動販売機のネットワーク化は、飲料メーカーにこれまでにないマーケティング情報の収集も可能にする。機能としてはすでに一部で実施されているが、カメラと顔認証ソフトの組み合わせにより、飲料購入者の性別、年齢層を判断し、これに月日、曜日、時間帯、天候などを加味することにより消費者のトレンドを推測することもできる。

現状では、飲料メーカーは商品の人気などに関する情報をモニタリングやアンケート調査で実施しているが、前述のようなリアルタイムの情報を分析、フィードバックすることにより、販売戦略、商品開発などの向上に大きく寄与することになろう。

自動販売機のネットワーク化は、キャッシュレス決済や庫内情報管理、マーケティングのみならずさまざまな機能の付与を可能とし、自動販売機産業の裾野を拡げることが推測される。

第8章 地域との連携やコラボレーション

1 地域との連携

わが国の自動販売機は、そもそも町に根づいて発展してきた機器である。自動販売機により衰退した商店街を再興できるなどという壮大な考えは毛頭ないが、そのトリガーにはなり得ると確信している。

いかに地域と密着し、自動販売機の地域住民の利便性をいっそう高めるかということが、自動販売機産業のさらなる活性化につながるものである。

(1) 自動販売機でしかできないことを求めて

① 自動販売機による情報発信

前項で述べた自動販売機のネットワーク化により、いろいろな構想が描き始められている。

その最大のものが、自動販売機を情報発信基地にするというものである。すでに電光掲示板やデジタルディスプレイを備え、ニュースを流している自動販売機も見かける。

しかし、はたして自動販売機でニュースを流すことが、本当に求められていることなのであろうか。

携帯電話、パソコンそしてその融合により、今や国民は、いつでもどこでも最新のニュースを知りえる状況にある。そのようななか、自動販売機が流すニュースを立ち止まって見る人がどれほどいるであろうか？ ほとんどいないであろう。

では、自動販売機での情報発信は、無用の長物なのか？ 否。携帯電話やパソコンで得ることのできない情報を自動販売機で発信すべきである。その例は、次項にて示す。

② 住所表示ステッカーの貼付

オフラインで発信可能な情報もある。それが自動販売機に対する住所表示である（図表8－1）。以前は、電柱や建物に住所が表示されていたが近年、電線の地下埋設、個人情報の保護などの要因により、街中での住所表示が減少しつつある。

一方、火災や事故・事件の発生を携帯で通報するケースが増加している。通報者は、近隣の住民だけではなく、通りがかりの人であることも多く、発生場所住所を的確に伝えることができず、消防や警察の初動に支障を来たすこともある。

このような不具合を解消するため、自動販売機

図表8－1
住所表示ステッカー

業界では平成17（2005）年1月より自動販売機に対する「住所表示ステッカー」の貼付活動を開始し、現在では屋外に設置された飲料自動販売機、たばこ自動販売機のほとんどに設置場所の住所表示がなされている。

現在では、住所表示ステッカーは緊急時のみならず、初めての土地で道に迷ったときなどにも活用できるものとなっている。

このほかにも携帯電話やパソコンではできず、自動販売機できることはあるはずである。自動販売機業界が検討すべき課題である。

(2) マイクロコミュニティーとの連携

前項で「自動販売機でしかできないこと」を検討すべきと述べたが、本項でその具体例をあげよう。

① 町の掲示板として地域貢献

商店街や町会などのマイクロコミュニティーと連携することにより、自動販売機が町の「掲示板」となるとともに、地域に貢献することである（図表8－2）。

電光掲示板やデジタルディスプレイを搭載した自動販売機を町の要所に設置し、地域情報を発信する。

情報の一例としては、次のようなものが考えられる。

- 商店街のイベント……セール、福引など
- 地域のイベント……祭り、消防訓練など
- 域内の学校のイベント……運動会、卒業式など
- 域内の防犯、防災情報……犯罪発生状況、火の用心など

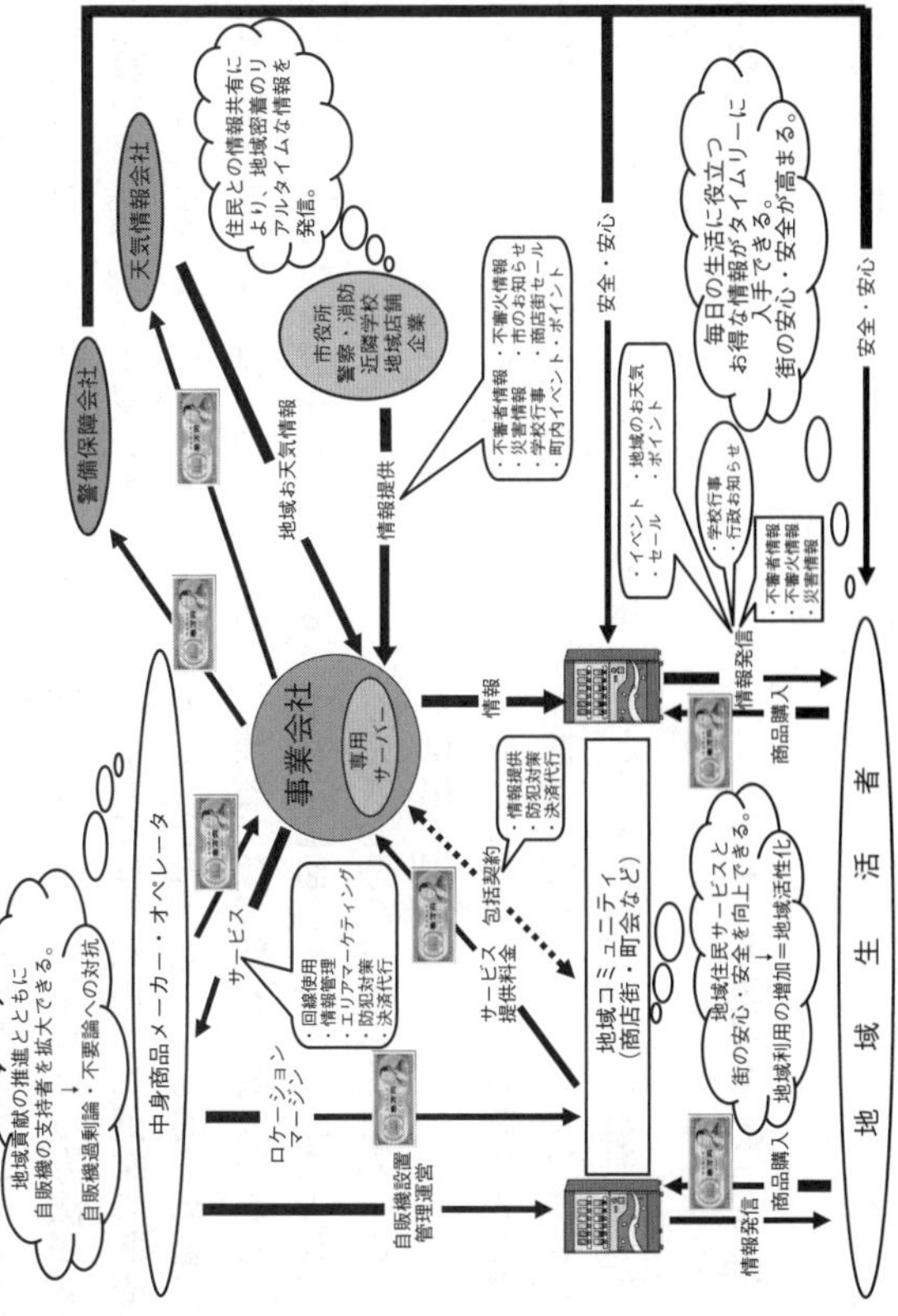

図表８－２　ニュービジネスモデル

情報発信にかかる作業は、商店街などコミュニティーサイドが担当し、コストは飲料メーカーなどから支払われるロケーションマージンの一部でまかなう方法も考えられる。

飲料メーカーは、情報の一部に自社の新製品情報などを挿入することにより、PRを行うこともできる。

また、地域マネー（IC電子マネー）の導入も可能で、地域の発展に寄与することも期待できる。商店街のポイント制度と連携し、飲料購入ごとにポイントを付与。また、商店街のポイントで飲料を購入することを可能にするなども有効な方策である。

② 募金自動販売機

マイクロコミュニティーと協力した募金活動も、地域に貢献の一翼を担う。

飲料自動販売機による募金手段としては、売上金の一部を募金する方法と、商品選択ボタンとは別に募金ボタンを設ける方法がある。

前者では、利用者は通常の販売価格で飲料を購入し、その一部が自動的に募金に回る。

後者では、飲料の購入いかんにかかわらず、示された金額を硬貨投入口に入れ、当該募金ボタンを押すと募金できる仕組み。このケースでは、飲料は出てこない。

気軽に社会・地域貢献できる募金機能付自動販売機は、各地でマイクロコミュニティー、NPOなどの協力の下、普及が進みつつある。

2 異業種とのコラボレーション

マイクロコミュニティーとの連携と併行し、異業種とのコラボレーションも自動販売機業界にとって重要課題である。

全国に250万台強が普及し、町のそこかしこに設置されている飲料自動販売機は、「ものを売る」機能以外にも活用でき、また、すべきである。本章では、「物販」＋αの構想を述べる。

(1) 街角ステーション構想

自動販売機をインタラクティブで総合的な街角情報ステーションとすることを構想すべきである(図表8—3、図表8—4)。

たとえば、周辺気象情報の収集が考えられる。気象観測計を具備しロケーションの気温、湿度などの情報を民間の気象情報サービス会社に遂次送信する。気象情報サービス会社は、自動販売機からの情報をもとにより、ローカルな天気予報をより正確に把握することができる。

また、自動販売機のディスプレイを通じてより狭い範囲での天気予報を周辺住民に伝えることも可能になる。

周辺の地理情報も有用な情報となる。ロケーション近隣の名所や公園などの観光施設、役所、警察署、病院などの公共施設などの位置、概要をディスプレイで紹介することにより、外来者の利便を図ることができる。

周辺交通機関の運行状況などを自動販売機が知らせることも可能である。行き先ごとのもっとも近い駅、バス停の案内、電車、バスの運行状況をリアルタイムで表示するなどである。

(2) ポイント制度の導入

ポイントやマイレージ制度は、家電業界、航空業界をはじめ、さまざまな業界で導入され、利用

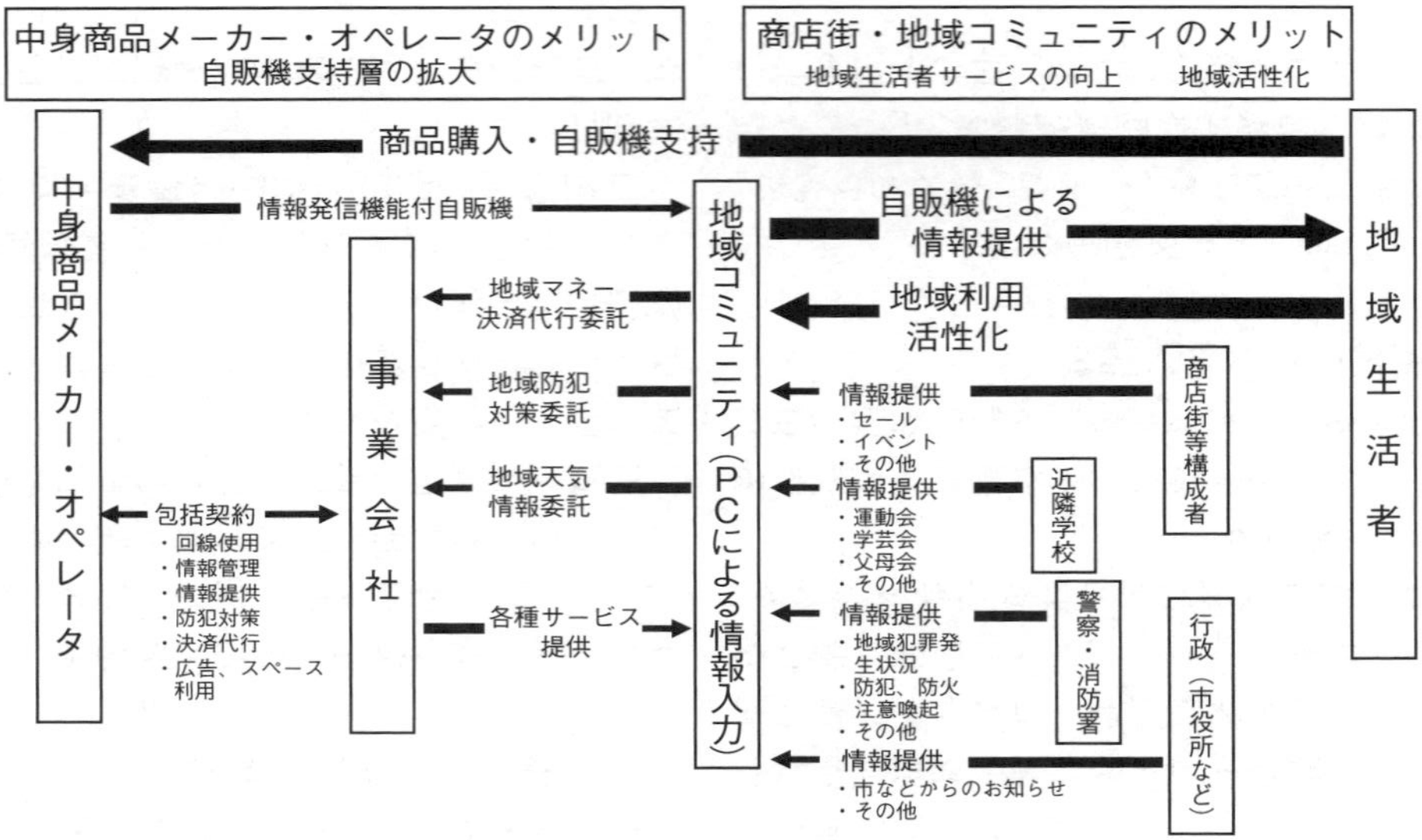

図表８－３　地域コミュニティ（商店街など）とのコラボ

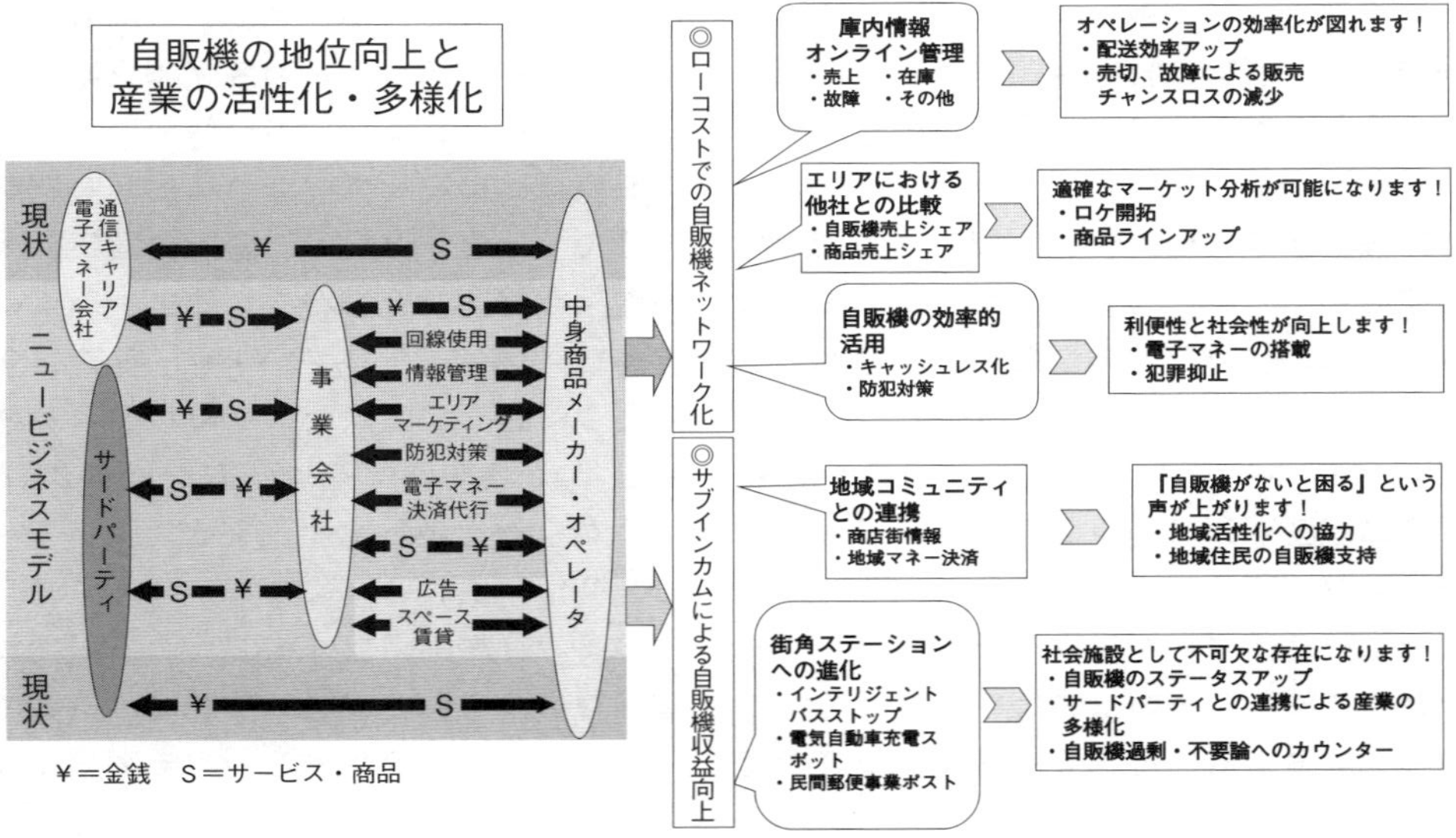

図表8－4　中身メーカー・オペレータのメリット

者のロックイン（囲い込み）に寄与している。

しかしながら、飲料自動販売機業界では一部でトライアルが行われているものの、本格的な導入にはいたっていない。

今後、自動販売機のオンライン化とＩＣ電子マネー対応の進捗により、自動販売機での飲料購入にポイントを付与することが技術的にも制度的にも容易なものとなる。

自社製品のロックインを目的とするのであれば、自社の自動販売機のみで利用できるポイントの付与が有効である。

たとえば、１本購入ごとに１ポイントが、カードもしくは携帯電話のＩＣに付与され、10ポイントたまると自動販売機で飲料が１本サービスされるといった仕組みも考えられる。

また、飲料購入ごとに付加ポイントが異なる遊び心を付加した方法も可能だ。１ポイント、２ポイント、１本おまけなど購入者にゲーム感覚を楽しんでもらうやり方である。

余談になるが、当たりつき自動販売機も現存している。しかしながら、販売者側が考えているほど購入者は喜んでいないのが事実である。

飲料を購入し、「もう１本」が当たった。同行者がいる場合には分け与えることもできるが、１人のときは微妙である。当たりを放棄するのももったいないが、もう１本飲むこともできない。といって、持ち歩くのも重く、煩わしい。

しかし、電子的に「あたり」が記録され、次回利用できるのであれば、喜ばれるであろう。

一方、他業界のポイントと連携する方法も有効であろう。

たとえば、自動販売機で飲料１本購入するごとに航空会社のマイルがたまるといったことも考えられる。マイレージ会員の自動販売機利用を促進することになろう。一部においては、すでに実施されているケースもある。

また、電子マネーの還元も利用者確保に有効な手段となる。

(3) マーケットリサーチ

自動販売機利用者に対するアンケート調査を実施し、各種マーケティングに活用することも可能となる。

アンケートの実施については、能動的な方法と受動的な方法が考えられる。

能動的な方法としては、ＩＣ電子マネーで購入した利用者の携帯電話にアンケートを送信するやり方である。携帯電話番号の事前登録が必要など煩雑な側面があるが、母数を確実に増やすことができる利点がある。

受動的な方法としては、自動販売機に表示されたＱＲコードに購入者がアンケートを任意に携帯電話にダウロードする方法がある。この方法は、オフラインの自動販売機でも実施が可能となっている。

いずれの方法においても購入者は、携帯電話でアンケートに回答することになる。

アンケートは、かならずしも飲料メーカーに関することである必要はない。自動販売機がアンケートの発信基地になる、という発想である。

(4) 自動販売機管理センターの構築

前述のような事項を行おうとすると、現状の飲料メーカー、オペレータ、自動販売機メーカーという現状のプレイヤーのみでは不可能となる。

飲料メーカー、オペレータ、サードプレイヤーの横断的な管理会社を設立することが効率的になる。スキームとしては、以下のようなデザインになる。

飲料メーカーやオペレータは独自のネットワークを構築するのではなく、管理会社と包括契約し管理会社が運営するネットワークを利用する。

管理会社が提供するメニューとしては、次のようなものが想定される。

・ネットワークの使用
・情報管理
・電子マネー決済代行
・マーケティング情報
・防犯対策
・広告仲介

飲料メーカーやオペレータのメリットとしては、ローコストでの自動販売機のネットワーク化とサブインカム（副収入）による自動販売機収益の向上があげられる。

ネットワーク化の利点は、これまで述べた通りである。

サブインカムとは、何か？ 自動販売機の機能、スペースなどをサードパーティに貸すことにより、物販以外の収入を得ることである。

具体的には、(1)で述べた街角ステーションの利用料、(3)で述べたアンケート実施にかかる利用料などである。

今後、法律の整備は必要となるが、電気自動車の充電スポット、民間郵便事業のポストなどの機能を具備し、サブインカムを得ることも可能となる。

また、自動販売機を活用しバス停をインテリジェント化することも、バス利用者の利便向上に寄与する。すなわち、一部の都市でイスやベンチと雨よけのプラスティック製シェルターで構成するバスシェルターが導入されているが、これにデジタルディスプレイ付の自動販売機を組み込むというものだ。自動販売機のディスプレイでは、バスの運行状況とともに経由地および終着地周辺のイベント情報、天候、店舗の広告などを発信する。バス利用者は、自動販売機から購入した飲料を飲みながら、各種情報を入手し、リラックスした時間を過ごすことができる。

自動販売機を活用した右記のようなビジネスモデルは、自動販売機を社会施設として不可欠なものとし、一部に存在する自動販売機不要論や過剰論を払拭することになる。

3　東日本大震災と自動販売機

平成23（2011）年3月11日午後2時46分、三陸沖の深さ24㎞でマグニチュード9・0の巨大地震が発生した。この地震による死者・行方不明者は2万人を超え、史上稀にみる大惨事となった。地震直後に発生した大津波は、宮城県、岩手県、福島県を中心に未曾有の被害をもたらした。

また、東京電力、東北電力の発電所が重大な被害を受け、両社管区内の電力不足が深刻化した。とくに東京電力福島第一原子力発電所では、水素爆発により原子炉建屋などが破損し、放射能の大気中や海水への漏洩が国民の生活に大きな影響を与えた。

自動販売機業界における影響も多大で、津波で流出した自動販売機の回収・処理に加え、夏場の電力供給不足に対する飲料自動販売機の消費電力カットが大きな課題となった。

(1) 飲料自動販売機の消費電力

本論に入る前に「消費電力」と「消費電力量」の違いについて述べる。一見、差異のない表現であることから混同されることが多い。

消費電力とは、電気器具を動かすために必要な瞬時の電力のことで、単位はW（ワット）やKW（キロワット）となる。たとえば、40Wの蛍光灯を点灯させるためには40Wの電力が必要になり、これを当該蛍光灯の消費電力という。

一方、消費電力量とは、使用した電力の量で、消費電力に使用した時間をかけた積で算出される。単位は、Wh（ワットアワーまたはワット時）やKWh（キロワットアワーまたはキロワット時）となる。たとえば、前述の40Wの蛍光灯を5時間使用すると40×5＝200となり、この時の消費電力量は200Whになる。

いわば、消費電力は「高さ」、消費電力量は使用時間との積による「面積」といえよう。

本題に戻り、飲料自動販売機の消費電力と消費電力量について述べる。ここでは、代表的な機種として缶・ボトル飲料自動販売機（以下、飲料自動販売機）について述べる。

飲料自動販売機において夏場に電力を使用する部位は、コンプレッサー（冷却機）、照明、待機電力ほか（硬貨選別・紙幣識別に要するものを含む）である。代表的な機種におけるそれぞれの部位の平均的な消費電力は、コンプレッサー282W、照明48W、待機電力17Wの計347Wとなる。

(2) 電力不足への対応

すでに述べている通り、飲料自動販売機はこれまで相当程度の消費電力量を低減してきたが、これは消費電力の低減とイコールではない。

飲料自動販売機は、冷蔵庫などと同様にサーモスタットによりコンプレッサーやヒーター（加温機）の運転が制御されている。

すなわち、コンプレッサーでは庫内の冷却部分が設定された下限温度まで冷えると運転が停止し、設定された上限温度に達すると運転を再開する。ヒーターにおいては逆で、上限温度まで温まると運転を停止し、下限温度まで下がると運転を再開する。

保冷、保温時間をいかに長くし、コンプレッサーやヒーターの運転停止時間を長くする＝稼働率を低くすることが消費電力量の低減につながる。このため、断熱材の強化などの方策が取り入れられている。

これらの省エネ技術により、面積としての消費電力量は低減できるものの、電力使用時でみたスポットの消費電力には変化がない。

大震災後の電力不足に対し、飲料自動販売機業界は、２つの対策を実施した。

一つは照明の消灯である。屋内設置の自動販売機においては、清涼飲料自販機協議会の年間消費電力削減計画に則り、原則、24時間消灯を実施している。屋外設置のものについては、センサーにより昼の明るい時間帯には消灯していたが、夜間は点灯していた。

清涼飲料自販機協議会では、大震災後の東京電力および東北電力の計画停電実施にともない、両電力会社管区内に設置された飲料自動販売機すべてについて、夜間の消灯も実施した。

照明に要する消費電力は、前述の通り1台当たり48Wで、消灯した場合、消費電力は14％程度カットされる。しかしながら、政府が求める節電対策は、9～20時（当初は10～21時）に前年比15％（当初は25％）カットするというものであった。夜間においては、照明消灯でほぼ達成できるものの、昼間は従前より消灯されているため、ピークカット機能が作動し、コンプレッサーが停止する13～16時以外では、目標を達成することはできない。

このため、清涼飲料メーカー、オペレータが次に実施したのは、輪番制で自社の飲料自動販売機のコンプレッサーの運転を4台に1台停止する策である。これにより、25％の消費電力カットが実現した。

国家的な非常時において節電に協力することは、業界にとって重要なことである。反面、自動販売機の照明が24時間消えているため、「夜道が怖い」、「販売商品がわからない」、「住所表示ステッカーが見えない」などという意見もある。

生活者の意見を踏まえつつ、適確な節電対策を進めることが課題となろう。

4 自動販売機の近未来像
―「あってよかった」から「ないと困る」へ―

飲料自動販売機が多すぎる、飲料自動販売機は不要――このような飲料自動販売機過剰論、不要論が一部に存在することは事実である。

一方、飲料自動販売機の普及台数は、昭和60年代以降、多少の増減があるもののほぼ横ばいで推移している。また、年間自販金額も大きな変化はみられない。

これは、飲料自動販売機が消費者に受け入れられ、一種の社会施設として根づいていることを物語っている。

どの世界においてもさまざまな考え、意見をもつ人が存在し、意見の対立は起こる。自動販売機においてもそのような事象が生じているといえるものの、ほかの事例とは若干異なると考えられる。

自動販売機批判者に対し、積極的な擁護者……もちろん業界関係者は除くが……が少ないことである。

「自動販売機はけしからん!」という声に対し、「そんなことはない。自動販売機は必要だ。」という強い声があがらない。

業界としては、反自動販売機サイドの意見を真摯に受け止め、正すべきは正すことも重要である。それと同時に擁護の意見を述べていただける「自動販売機の味方」づくりを進めることも不可欠である。

われわれ自動販売機業界は、本書で述べた通り、環境問題をはじめとする社会的要請に対し、ほかの業界に先駆けて先鋭的な対応を実施してきた。このことを誇りに思うべきである。

反面、積極的な自動販売機サポーターがいないという事実も、きっちりと受け止めるべきである。

われわれが今目指すところは、「飲料自動販売機が『あってよかった』存在から『ないと困る』存在になる」ことである。

「ないと困る」存在として認められるためには、従前のように、「飲料を自動的に販売する機械」だけでは十分でない。

本書で示した通り、さまざまな異業種、コミュニティーとのコラボレーションにより、自動販売機にプラスαの機能を具備し、地域貢献することが唯一、認められる方法と考える。

自動販売機産業は、いまだ成熟していない。大きな可能性を秘めた産業である。関係者は、従来のビジネススキームにとらわれることなく、柔軟なマインドで新しいビジネスモデルをスタートさせる時期にいたっていることを認識していただきたい。

第９章

海外の自動販売機事情

これまでは日本の自動販売機産業、とりわけ飲料自動販売機について述べてきた。ここでは、海外の自動販売機事情について記す。

１　米国

米国の自動販売機業界誌『Vending Times』の調べによれば、同国における自動販売機の普及台数は、２０１３年末現在では６４５万９０００台（前年比1・4％減）、年間自販金額は４２７億１００万ドル（同増減なし）となっており、ここ数年減少傾向にある。

台数では日本を２００万台ほど上回っているが、自販金額は2兆円ほど下回る。自販金額が日本より少ない理由としては、販売商品の単価が日本より安いこと、高単価の分野である乗車券自動販売機が統計に含まれていないことがあげられる。

普及台数は２００７年までは微増傾向にあったが、リーマンショック以降は減少傾向となっており、09年は4・6％の減少となった。

特記すべきは、食品自動販売機のシェアが高いことである。

日本の食品自動販売機の普及台数は6万９４００台で、全体に占める割合は1・4％に過ぎない。これに対して米国では全体の21％にあたる１５０万６０００台が食品自動販売機で、うち１２４万台が菓子類の自動販売機となっている。食品自動販売機の高普及は、食文化の差異によるものと考えられる。

ロケーションとしては、オフィス、工場、学校などで、第3章2で述べた通り屋外ロケーションはほとんどない。

主たる自動販売機メーカーは、以下の社である。

・Sanden Vendo America
・Automatic Products
・Crane National Vendors

なお、前述の普及台数統計には、乗車券自動販売機、路上に多く見受けられる新聞自動販売機が含まれていない。これら機種に関する統計は存在しないが、米国の業界関係者は、これらの機種を含めた場合には1000万台を超えると予測している。

米国の飲料自動販売機業界が直面する課題としては、清涼飲料水起因の児童、学童の肥満問題による学校などでの自動販売機設置規制、販売商品規制があげられている。

因果関係が明確になっているわけではないが、コーラやジュースなどの清涼飲料水に含まれる糖分が子どもの肥満の原因になっているとして、学校における清涼飲料自動販売機の設置禁止や牛乳、ミネラルウォーター、スポーツドリンクなど特定の飲料以外の販売商品規制などを行っている自治体もある。

2 ヨーロッパ

ヨーロッパにおける自動販売機に関する公式な統計は、存在しない。

ヨーロッパ各国の自動販売協会の連合体であるＥＶＡ（European Vending Association ＝欧州自動販売協会）が推計した、同会構成メンバー所在の

19カ国における2005年末の飲料自動販売機と食品自動販売機の普及台数は、376万4000台となっている。これ以降の推計データはない。

国別にみると、イタリア62万6000台、フランス61万8000台、イギリス52万4000台、ドイツ50万8000台となり、この4カ国で全体の約60%を占める。

これら上位国での普及台数は横ばいで推移しているが、産業始動期にあるロシアをはじめとする中欧・東欧では増加しつつある。

自販金額に関する推計はない。

EVA公表の普及台数のほかに、ドイツでたばこ自動販売機が40～45万台程度普及しているといわれる。

主なロケーションは、米国と同様にオフィス、工場などの屋内が中心となっている。

ヨーロッパの自動販売機業界が直面する課題としては、米国と同じく清涼飲料水による肥満問題があげられるが、その他に通貨問題がある。

2002年1月1日、EU（欧州連合）は、域内の共通通貨ユーロの流通を開始した。現在では23カ国で使用されている。

紙幣については、表裏とも各国共通のデザインとなっている。硬貨については、表面のデザインは共通で、裏面は各国の固有のデザインが施されている。材質、直径、厚み、重さは、各国で共通となっている。

自動販売機で主として使用されるのは、1ユーロおよび2ユーロ硬貨で、外円と内円の材質および色が異なる、いわゆるバイカラー硬貨となっている。

通貨統合域内では、各国発行のユーロ通貨が混在して流通している。

紙幣に関しては、前述の通り表裏とも各国共通のデザインであることから、自動販売機にとっても大きな問題は生じないが、硬貨は、理論的には1貨種について23種類の硬貨を受け入れていることになる。

直径、厚みなどは共通であるものの、鋳造する国により若干のバラつきがみられ、自動販売機においては受け入れ幅を広げざるを得ない状況となっている。

このため偽造硬貨、変造外国硬貨による自動販売機狙いが断続的に発生しているという。

3 中国

中国における自動販売機産業がスタートしたのは、1990年代初頭である。

一部の日本の飲料メーカーが日本製の中古自動販売機により市場展開を試みたが、成功にはいたらなかった。

産業が本格始動したのは97年のことである。天津直轄市の天津南開大学と地元のベンチャー企業Guard社が設立した天津南開Guard社が、自力で飲料自動販売機を開発した。同社は、日本製および米国製の自動販売機を分解、研究し、それぞれの類似品を製造した。

続いて、青島のAUCUMA社、蘇州の白雪電器が飲料自動販売機の製造に参入した。いずれも日本や米国からの技術供与に頼ることなく、独自に製品開発を行った。

各社は、飲料自動販売機の販売に乗り出したものの、オペレータが存在せず、販路に行き詰まった。このため3社は、自社内にオペレータ部門を設立し、ロケーション展開を開始した。

主なロケーションとしては、北京や上海などの大都市の地下鉄駅構内・ホーム、公共施設、企業内であった。政府や市の積極的な協力もあり、一時は全国で2～3万台の普及台数に達した。

しかしながら2003年頃を境に普及台数が減少を始めた。その要因としては、オペレーションのノウハウの欠如があげられる。

自動販売機ビジネスに欠かせないのは、ロケーション選定、販売商品の魅力的なラインアップ、配送、自動販売機本体およびロケーション回りの清掃などを適確に実施することである。

中国においては、自動販売機メーカーがこのようなノウハウを有しないまま自動販売機を市場展開したことから、さまざまな不具合が生じ、市民に受入れられなくなった。

一例としては、自動販売機本体が汚れている、商品取り出し口に埃やごみが堆積しているなどである。

このような状況下、2003年、富士電機リテイルシステムズ（現富士電機）が大連市に大連富士冰山自動販売機有限公司を設立し、自動販売機製造に参入した。

同社は翌04年、富士佳楽自動販売機有限公司というオペレータ会社を設立し、日本の自動販売機オペレーションのノウハウに基づく市場展開もスタートさせた。

日本的な自動販売機展開は、中国自動販売機産業に刺激を与え、製造事業者から分離、独立したオペレータを誕生させた。

一時的な衰退を余儀なくされた中国の自動販売機産業であるが、本格的なオペレータの誕生と相まって、08年の北京オリンピック、10年の上海万博をトリガーに回復の兆しを見せ、普及台数も10万台程度に達しているとみられる。

また、オペレータの意識も高まり、業界団体も組織されている（写真9—1）。

現在、多くの都市で地下鉄をはじめとする都市交通網の整備が進められている。これらの駅には自動販売機が設置されるケースが多く、今後の普及台数の増加が期待され、関係者によれば2013年には20万台を超えることが予測されている。

年間自販金額も、普及台数の増加とあいまって、ここ2～3年で年率約40％という驚異的な伸びを示しているとのことだ。

自動販売機で販売される飲料の販売価格は、1本平均5元（100円弱）となっているが、1台

写真9－1
上海の地下鉄『人民広場』駅前

当たりの販売本数は日本の3～4倍程度とみられ、日本円換算でのパーマシンでも日本の倍以上となる。

現段階ではコールド飲料のみの販売が主流だが、ホット&コールド自動販売機の導入も始まっている（写真9―2）。

中国では冷たい飲み物は健康に良くないとされてきた。近年では、若年層を中心に冷たい飲み物のニーズは高まりつつあるものの、一方で、いまだ冷たい飲み物を飲む習慣のない市民も多い。このため、缶飲料自動販売機のとなりにグラスフロント（前面ガラス）の汎用自動販売機が設置され、菓子、日用品雑貨などとともに常温のペットボトル飲料が収納、販売されているケースが多々見受けられる（写真9―3）。

ホット&コールド自動販売機の導入は、高齢者層のニーズをも充足するもので、中国での今後の自動販売機の進展に大いに寄与するものであることは、間違いない。

また、最近ではデジタルサイネージを搭載したものも多く普及し、飲料販売以外のさまざまな情報発信を行っている。

決済方法にも変化が期待される。

現在は、硬貨と紙幣のみによる決済となっているが、2つの問題点がある。

一つは、いまだ汚損の進んだ旧紙幣の流通量が多く、識別に支障を来たし、受け入れ率が低いことである。

いま一つは、硬貨の流通量が少ないことである。自動販売機にとって有用な硬貨は1元硬貨であるが、上海を除く地域での1元硬貨の流通量は非常に少なく、自動販売機の使い勝手の向上を阻んで

上：右端は常温販売／下：飲料自販機3台は、すべてコールド販売

写真9－2

上海の地下鉄ホームに設置されている自動販売機

地下鉄構内などに設置され、キーホルダーなど小物を販売。銀聯カード対応。

写真9－3　小物の自動販売機

いる。

このような状況下、キャッシュレス決済が一部で注目され始めている（写真9－4）。

また、すでに地下鉄が開通している北京や上海などの大都市では、ICカードによるストアードフェア乗車券（Suicaのような前払式）が導入されており、これらを利用したキャッシュレス自動販売機の導入も予測される。

また、中国銀行聯合が発行する「銀聯」カードの自動販売機への導入も、自動販売機の普及促進の一助となることが期待される。

もちろん、自動販売機のネットワーク化、カード発行母体へのコミッションなど日本同様にイニシャル、オペレーションコストの課題は残る。

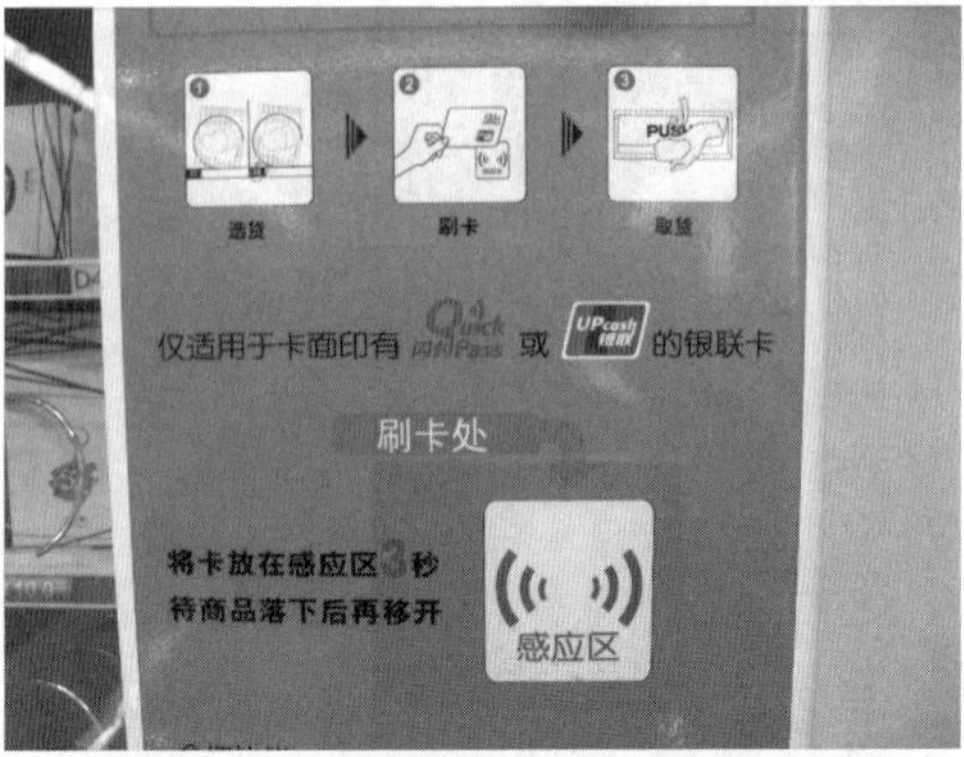

上：カード決済の方法／下：現金による購入方法

写真９－４

自動販売機での購入方法

4 海外における自動販売機展

海外における主な産業展としては、以下がある。

〔NAMA SHOW〕
・毎年4月と10月に開催
・主催：NAMA（米国自動販売協会）
・開催地：回により異なる

〔VENDITALIA〕
・隔年開催（西暦偶数年）
・主催：CONFIDA（イタリア自動販売協会）
・開催地：イタリア・ミラノ

〔AVEX〕
・隔年開催（西暦偶数年）
・主催：AVA（英国自動販売協会）
・開催地：英国・ロンドンまたはバーミンガム

〔EU'VEND〕
・隔年開催（西暦奇数年）
・主催：ケルンメッセ
・開催地：ドイツ・ケルン

〔VENDING PARIS〕
・隔年開催（西暦奇数年）
・主催：NAVSA（フランス自動販売協会）
・開催地：フランス・ポルテ・ド・ベルサイユ

〔CHINA VENDING SHOW〕
・毎年開催
・主催：中国商工連盟
・開催地：中国・上海

第10章 飲料自動販売機に関連する主な法規

1 食品衛生法

食品衛生法は、「飲食に起因する衛生上の危害の発生を防止し、公衆衛生の向上及び増進に寄与すること」を目的として昭和22（１９４７）年に制定された。所管省庁は、厚生労働省である。

飲料自動販売機に関連する主な規定としては、以下があげられる。

(1) 営業許可

① カップ式自動販売機

カップ式自動販売機を設置する際には、法第21条「営業の許可」に基づき「喫茶店営業」の許可を取得することが必要。保健所に申請する。

② 牛乳自動販売機

牛乳自動販売機（清涼飲料水との併売を含む）を設置する際には、法第21条「営業の許可」に基づき「乳類販売業」の許可を取得することが必要。保健所に申請する。

③ 缶・ペットボトル飲料自動販売機

缶・ペットボトル飲料自動販売機については、食品衛生法に基づく営業許可を必要としない。

(2) カップ式自動販売機内の液体の温度

① 機内の液体

調理（粉末や原液との混合、レギュラーコーヒーの抽出など）に用いる清涼飲料水の原液、水など「機内の液体」は、自動販売機の中で10℃以下または63℃以上に保つこと。ただし、バッグインボックス（ＢＩＢ）などの密閉容器に収納されたものは、このかぎりでない。

〔「食品、添加物等の規格基準」第1―D各条―○清涼飲料水―4 コップ式自動販売機による清涼飲料水の調理基準〕

② **調理に使用する熱湯**

レギュラーコーヒーやリーフティーなどを抽出する場合には、販売のつど供給される熱湯の温度が85℃以上であり、85℃未満の場合には、自動的に販売が中止されるものであること。

ただし、粉末清涼飲料を調理するものにあっては、熱湯の温度は75℃以上で足り、75℃未満となった場合には自動的に販売が中止されるものであること。

〔「食品、添加物等の規格基準」第3 器具及び容器包装―E 器具及び容器包装の用途別規格―5 食品の自動販売機・容器―(1)自動販売機本体〕

(3) 牛乳自動販売機における商品保存温度

牛乳、乳製品は、殺菌後ただちに10℃以下に冷却して保存する。ただし、ＬＬ（ロングライフ）牛乳などの常温保存可能品については、常温を超えない範囲まで許される。

自動販売機内での保存も同様となる。したがって、自動販売機内で牛乳を加温販売することはできない。

〔「乳及び乳製品の成分規格等に関する省令」別表2―(2)牛乳、特別牛乳、殺菌山羊乳、低脂肪牛乳、無脂肪牛乳及び加工乳の成分規格並びに製造及び保存の方法の基準―(1)牛乳―3 保存の方法の基準〕

(4) 設置場所に関する規定

営業許可を必要とするカップ式自動販売機、牛乳自動販売機の設置場所は、屋内またはひさしや屋根で雨水を防止できる場所とされている。「ひさしや屋根で雨水を防止できる場所」の定義については、地方公共団体により若干判断が異なる。

〔「食品自動販売機の衛生指導について」別添3 食品の自動販売機に係る施設基準準則〕

2 道路法、道路交通法

道路法は、「道路網の整備を図るため、道路に関して、路線の指定及び認定、管理、構造、保全、費用の負担区分等に関する事項を定め、もつて交通の発達に寄与し、公共の福祉を増進すること」を目的として、昭和27（1952）年に制定された。所管省庁は、国道交通省である。

一方、道路交通法は、「道路における危険を防止し、その他交通の安全と円滑を図り、及び道路の交通に起因する障害の防止に資すること」を目的として、昭和35年に制定された。所管省庁は、警察庁である。

(1) 自動販売機の公道上への設置

公道上に工作物や施設を継続的に設置する場合には、道路法による道路の「占用」に該当し、道路管理者の許可が必要となる。

また、道路を使用する場合には、道路交通法に基づき所轄警察署長による道路の「使用」許可が必要となる。

自動販売機については、原則として占用も使用も認められない。例外的に認められるのは、地下街、地下鉄駅、高速道路のサービスエリアなどでの設置で、これらは、道路法では道路の付属物として道路に含まれている。

したがって、これらの施設以外の公道上に自動販売機を設置することはできない。

空中も道路の一部と見なされるので、自動販売機の一部が空中で公道上にせり出すことも法律違反になる。

〔「道路法」第32条 道路の占用の許可、「道路交通法」第77条 道路の使用の許可〕

(2) 自動販売機の私道への設置

道路法に規定する「道路」には、私道は含まれない。他方、道路交通法では、「地権者以外に通行権が与えられている」私道については、道路に該当することになり、規制の対象となる。すなわち、両端が公道につながる私道で、入口に通行禁止の立て札等を設置せず慣習的に地権者以外の通行を認めている場合には、道路交通法では道路と見なされ、自動販売機を設置する場合には地権者ではなく、所轄警察署長の許可を得なければならない。

〔「道路交通法」第二条 用語の定義 第一項〕

3 消防法

消防法は、「火災を予防し、警戒し及び鎮圧し、国民の生命、身体及び財産を火災から保護するとともに、火災又は地震等の災害による被害を軽減するほか、災害等による傷病者の搬送を適切に行い、もつて安寧秩序を保持し、社会公共の福祉の増進に資すること」を目的として、昭和23（1948）年に制定された。所管省庁は、総務省である。

(1) 自動販売機を設置できない場所

消防法では自動販売機に特化した設置場所規制はないが、次のような場所には、実質的に設置することはできない。ただし、細部については市町村の消防条例により差異があることもある。

① 屋外

消火栓、消火器、火災報知機、放水用具箱など消火用設備の周辺。

消防長、消防署長その他消防吏員は、屋外において消火や避難活動に支障となる物件については整理または除去することができる、と規定されている。前述の場所に設置された自動販売機は、「消火や避難活動に支障となる物件」に該当することになる。

〔「消防法」第三条―四〕

② 屋内

学校、オフィス、劇場、デパート、ホテル・旅館、地下街などの避難口周辺、避難経路となっている廊下、階段など。

学校、オフィス、劇場、デパート、ホテル・旅館、地下街など防火対象物として政令で定める場所の管理者は、廊下、階段、避難口など避難上必要な施設に避難の支障になるような物件が放置されないよう管理することが義務づけられている。

〔「消防法」第八条―二―四および「消防法施行令」別表第一〕

(2) ガソリンスタンドへの自動販売機の設置

ガソリンスタンドで自動販売機の設置が認められるのは、事務所などの建物の屋内でのみである。

屋外スペースでの設置は認めらない。

〔「危険物の規制に関する政令」第17条—十六および「危険物の規制に関する規則」第25条—四〕

4 製造物責任法

製造物責任法は、「製造物の欠陥により人の生命、身体又は財産に係る被害が生じた場合における製造業者等の損害賠償の責任について定めることにより、被害者の保護を図り、もって国民生活の安定向上と国民経済の健全な発展に寄与すること」を目的して、平成6（1994）年に制定された。所管省庁は、経済産業省で、通称、PL法。

(1) 自動販売機の利用者の事故

「カップ式自動販売機で、利用者がホットコーヒー注入中の商品取出口に手を入れ、火傷を負った」、「自動販売機から商品が出なかったために、利用者が商品取出口の奥に手を入れケガをした」などの事案は、通常予見できる範囲内にあるとされ、「熱湯が出ますので注ぎ終わってからカップをお取りください」、「取出口より奥に手を入れないで下さい」などの警告表示が自動販売機本体に適切になされていなかった場合には、製品に欠陥があったとして自動販売機メーカーが製造物責任を問われることもありうる。

ただし、平成7年6月以前に製造された製品には適用されない。

〔「製造物責任法」第2条および第3条〕

(2) 自動販売機で調理された商品の欠陥による事故

カップ式自動販売機や調理式食品自動販売機により販売される商品は、製造物と見なされることもありうる。

庫内の原材料などの管理不十分により利用者の体調などに不具合が生じた場合には、商品の製造業者である当該自動販売機の管理者が製造物責任を問われることがありうる。

ただし、原材料を仕入れた時点ですでに汚染、腐食などの不具合が生じていたことが証明されれば、原材料メーカーが汚染の拡大が機械の欠陥に起因するものであることが証明された場合、当該自動販売機メーカーがそれぞれ製造物責任を負うことになる。

〔「製造物責任法」第2条および第3条〕

(3) 整備業者等が改造した自動販売機で発生した事故

PL法が規定する「製造物」とは、製造または加工された動産のことである。

加工とは、一般的に次の2つの行為をいう。

・他人の動産に工作を加えて新たなもの＝加工物を作り出すこと。

・動産を材料としてこれに工作を加え、その本質を保持させつつ新しい属性を付加し、価値を加えること。

整備事業者等が実施する通常の修理は、新たなものを作り出すものでもなく、新しい属性、価値を加えるものでないことから加工には該当しない。したがって、修理の不備により発生した事故はPL法の対象とはならず、一般的には民法での係争対象となる。

ただし、冷媒を他の物質に替えたり、いわゆる「省エネ器具」と称されている器具を取りつけたりすることは、加工とみなされることも考えられる。そのことが原因で生じた事故については、加工を行った者が製造物責任を問われる可能性がある。

〔「製造物責任法」第2条および第3条〕

5 容器包装リサイクル法

容器包装リサイクル法は、「容器包装廃棄物の排出の抑制並びにその分別収集及びこれにより得られた分別基準適合物の再商品化を促進するための措置を講ずること等により、一般廃棄物の減量及び再生資源の十分な利用等を通じて、廃棄物の適正な処理及び資源の有効な利用の確保を図り、もって生活環境の保全及び国民経済の健全な発展に寄与することを目的」として、平成7（1995）年に制定された。正式名称は、「容器包装に係る分別収集及び再商品化の促進等に関する法律」。

所管は、環境省、経済産業省、財務省、厚生労働省および農林水産省の共管である。

(1) 法の対象となる容器（自動販売機関係）＝特定容器

・アルミ缶
・スチール缶
・ペットボトル
・紙パック
・紙容器

ただし、市町村が分別収集した段階で有価物として取引されるものは、法の適用除外となる。現段階では、アルミ缶、スチール缶、紙パックは、適用除外となっている。
〔法第2条—2および施行規則の別表二〕

⑵ 特定容器利用事業者

飲料メーカーなど、事業で販売商品に特定容器を用いる事業を指す。
〔法第2条—11〕

⑶ 飲料メーカーなどの責務

飲料メーカーなど特定容器利用事業者は、消費者が分別輩出し、市町村が分別収集した容器包装廃棄物のうち「特定分別基準適合物」について、自らが引き取り、その販売額に応じて再商品化しなければならない。

飲料メーカー等が特定容器を再商品化する方法としては、次の3通りの方法がある。

① 指定法人ルート

国の指定を受けた「指定法人」に再商品義務の履行を委託する方法。義務量に応じた委託料を指定法人に支払えば、再商品化義務を履行したことになる。指定法人としては、（公財）日本容器包装リサイクル協会が設立されており、市町村が保管する分別基準適合物を、全国のリサイクル業者から適切なものを選んで再商品化している。

② 独自ルート

主務大臣の認定を受けた事業者が、市町村の保管する分別基準適合物を引き取り、自らまたはリサイクル業者に委託して再商品化を実施する方法。

③ 自主回収ルート

事業者が、店頭回収などの方法により特定容器を回収し、自らまたはリサイクル業者委託して再商品化する方法。自動販売機脇の回収ボックスから回収しリサイクルしている容器が本ルートに該当する。

6 廃掃法

廃掃法は、「廃棄物の排出を抑制し、廃棄物の適正な分別、保管、収集、運搬、再生、処分等をし、生活環境を清潔にすることにより、生活環境の保全及び公衆衛生の向上を図ること」を目的とし、昭和45（1970）年に制定された。正式名称は、「廃棄物の処理及び清掃に関する法律」。所管は、環境省である。

(1) 使用済自動販売機の処理

使用済自動販売機は、産業廃棄物として所有者または使用者が排出事業者となり適正に処理しなければならない。

排出事業者は、自ら使用済自動販売機の収集運搬、中間処理を行うこともできる。しかしながら、処理施設を所有しない飲料メーカー等が自ら処理することは、現実的には不可能である。このため、産業廃棄物処理業の許可を受けた事業者に処理を委託することとなる。

(2) マニフェストの交付、管理

産業廃棄物の排出事業者は、法律に則り、処理委託した廃棄物が収集運搬、中間処理、最終処分にいたるまで適正に処理されたことを確認するためのマニフェスト（正式名称、産業廃棄物管理票）を交付し、所定の期間保管することが義務づけられている。

排出事業者がマニフェストに記載することを義務づけられている事項は、以下8つである。

・管理票の交付年月日および交付番号
・排出事業者の氏名または名称および住所
・産業廃棄物を排出した事業所の名称および住所
・管理票の交付を担当した者の氏名
・運搬または処分を受託した者の氏名または名称および住所
・運搬先の事業場の名称および住所＝運搬業者が積み替えまたは保管を行う場合には、その場所の所在地
・産業廃棄物の荷姿
・当該産業廃棄物にかかる最終処分を行う場所の所在地

7 フロン回収破壊法

フロン回収破壊法は、「人類共通の課題であるオゾン層の保護及び地球温暖化の防止に積極的に取り組むことが重要であることにかんがみ、オゾン層を破壊し又は地球温暖化に深刻な影響をもたらすフロン類の大気中への排出を抑制するため、特定製品からのフロン類の回収及びその破壊の促進等に関する指針及び事業者の責務等を定めるとともに、特定製品に使用されているフロン類の回収及び破壊の実施を確保するための措置等を講じ、もって現在及び将来の国民の健康で文化的な生活の確保に寄与するとともに人類の福祉に貢献すること」を目的とし、平成13（2001）年に制定された。

正式名称は、「特定製品に係るフロン類の回収及び破壊の実施の確保等に関する法律」。所管は、環境省および経済産業省である。

(1) フロン類と特定製品

フロン回収破壊法で規定する「フロン類」とは、CFC（クロロフルオロカーボン）、HCFC（ハイドロクロロフルオロカーボン）、HFC（ハイドロフルオロカーボン）などをいう。飲料自動販売機の冷媒に使用されているHC（炭化水素）、CO_2（二酸化炭素）、HFO（ハイドロフルオロオレフィン）はフロン類に該当しない。

「特定製品」とは、「第一種特定製品」と「第二種特定製品」に分類される。

前者は、業務用機器であって、冷媒としてフロン類が充填されているもの。具体的には、エアコンディショナー、冷蔵機器、冷凍機器で冷蔵または冷凍機能を有する自動販売機も含まれる。

後者は、自動車用のエアコンディショナーである。

(2) 事業者の責務

第一種特定製品に該当する飲料自動販売機を廃棄する事業者（所有者または使用者、以下「第一種特定製品廃棄等実施者」）は、充填されたフロン類が適正かつ確実に回収され、破壊されるために必要な措置を講ずる責務を負う。

(3) 行程管理票の交付

第一種特定製品廃棄等実施者は、冷媒として充填されているフロン類を第一種特定製品フロン回収業者に引き渡す場合には、次の6事項を記載した行程管理票（回収依頼書）を当該回収業者に交付しなければならない。

・第一種特定製品廃棄等実施者の氏名または名称および住所
・引き渡しにかかるフロン類が充填されている第一種特定製品の種類および数
・引き渡しを受ける第一種フロン類回収業者の氏名または名称および住所
・当該書面の交付年月日
・引き渡しにかかるフロン類が充填されている第一種特定製品の所在
・引き渡しを受ける第一種フロン類回収業者の登録番号

8 表示に関する規定

(1) 自動販売機に対する統一ステッカー貼付の実施要綱

自動販売機に対する統一ステッカー貼付の実施要綱は、「自動販売機の管理体制を明確にし、併せて消費者の自動販売機に対する信頼を高める」ことを目的に、昭和50（1975）年に大蔵省（現、財務省）、厚生省（現、厚生労働省）、農林水産省、通商産業省（現、経済産業省）の4省共同通達により実施された。

① 記載事項

・自動販売機の管理者名
・連絡先住所
・連絡先電話番号

② **様式**

材質は、破損や経年変化が生じにくいもので、記載事項のインク消え、汚れを防止するためにステッカーをプラスチック製の透明フィルムで覆うなどの措置を講じること。

サイズは、縦5cm以上、横14cm以上であること。

③ **貼付者**

原則として当該自動販売機の管理者。管理者とは、自動販売機の所有の有無に問わず、中身商品の補充、売上代金の回収などの日常の管理を行う者。

④ **貼付位置**

自動販売機正面の見やすい位置、原則として硬貨等投入口周辺。

⑤ **複数台併設の場合**

複数の自動販売機が同一のロケーションに並べられていて、その管理者が同じ場合にあっても、統一ステッカーは1台ごとに貼付しなければならない。

⑥ **供給**

新規に生産される自動販売機については、自動販売機メーカーが統一ステッカーを添付して出荷する。また、貼り替え用のステッカーについては、オペレータ、中身商品メーカー、設置・整備業者等の自動販売機関連事業者またはこれらの業界団体が、おのおのの流通経路等を通じて供給体制の整備に努める。

(2) 統一美化マーク

統一美化マークは、「飲料容器の散乱防止、リサイクルの促進」を目的として、(公社)食品容器環境美化協会が昭和56（1981）年に採用したものである。

(3) 住所表示ステッカー

住所表示ステッカーは、「事故や火事などを通行人が通報する際の住所認知の一助となること」を目的として、飲料およびたばこ業界が平成17（2005）年より自主的に実施している。

ステッカーのサイズは統一ステッカーと同じで、区市町村、丁目、地番を記載し、自動販売機の正面の見やすい場所に貼付する。

(4) グリーン購入法に基づく表示

グリーン購入法の判断基準等に基づき、次の事項を自動販売機本体の見やすい場所に表示することが望ましいとされている。

・年間消費電力量および省エネ法の目標達成率

・冷媒の種類および地球温暖化係数、ならびに封入量

〔付録１〕飲料自動販売機トリビア

自動販売機に関するちょっとした豆知識を紹介する。

1 日本と欧米の缶飲料自動販売機の違い

日本製の缶飲料自動販売機と欧米製の缶飲料自動販売機では、デザイン、機構において大きな違いがある。

デザイン面では、日本製のものは機械前面の半分程度を商品陳列スペースとし、販売商品のダミー缶・ボトルを配置している。

一方、欧米製のものは、ダミー缶・ボトルの配置スペースはなく、商品の写真、イラストなどが大きく表示されている。

商品名等は、選択ボタンにラベルが貼付されているのみである。

文化の差ではあろうが、購入する飲料を容易にイメージできるダミー缶・ボトルは、日本の消費者には安心感を与えている。

また、機構上の違いは、すでに何回か述べているホット商品が販売できることである。

最近では、欧米においても缶コーヒー、缶紅茶などが登場しているが、いまだポピュラーな存在ではなく、自動販売機で取り扱われることは少ない。また、店舗においても温めて販売されることはない。

2 なぜ飲料自販機では、1円や5円硬貨が使えないのか？

技術的には、コインメックで1円や5円硬貨を選別し、受け入れることは可能である。

しかしながら、このような小額硬貨を受け入れた場合、それらを収納する専用チューブが必要となり、コインメックのサイズを大きくしなければならない。

一方で、1円や5円硬貨を自販機で受け入れてほしいというニーズがないことも事実である。

このため、費用対効果で1円、5円硬貨対応がされていない。

3 なぜ高額紙幣を受け入れないのか？

乗車券自販機や食券自販機の一部には2000円、5000円、1万円紙幣を受け入れるものがあるのに、飲料自販機には受け入れるものがないのか？ よく質問される。

ビルバリデータで高額紙幣を識別し、受け入れることは技術的には可能である。現状で飲料自販機が高額紙幣を受け入れていないのは、運用上の問題からである。

一つには、第5章2(3)の2000円紙幣対応の項でも述べたが、釣銭の問題である。当然のことながら高額紙幣に対応するためには、紙幣で釣銭を払い出す機能が必要となる。このためには、最低でも1000円紙幣を払い出す機構を付加しなければならず、ビルバリデータの大きさ変更が必要となり、コストアップにもつながる。

また、現在より高額の金銭が機内に滞留することとなり、防犯上の観点からも好ましいものではなくなる。

4 売切れランプが点灯していても、庫内には在庫がある!?

商品の売切れランプが点灯している場合でも、庫内には１本の商品が残っている。
これは、補充後にも適温の商品を販売するという配慮からである。

〔付録2〕自動販売機のある昭和の風景

写真提供：日本食糧新聞社

〔昭和38（1963）年〕

自動販売機時代到来

オートパーラーに人気を呼んだ

国際見本市にて

目新しい自動販売機登場

食品界での動き

- ・コーンフレーク日本上陸（'63）
- ・コーヒーメーカー登場（'63）
- ・果実酒の自家製造自由化（'63）
- ・サントリー、ビール発売でビール市場に進出（'63）
- ・たこ焼き、東京にも登場（'63）
- ・国税庁、自販機による酒類小売業の免許取扱いを通達（'63）
- ・植物性たん白実用化（'64）
- ・レモン輸入自由化（'64）
- ・スタンドバーのスナック化（お茶漬け、おにぎりメニュー人気）（'64）
- ・酒類自由価格となる（'64）
- ・(社)冷凍魚協会（現・(一社)日本冷凍食品協会）発足（'64）
- ・学校給食への牛乳の本格導入（'64）
- ・レトルト食品登場（'65）

〔昭和40（1965）年〕

第1回自動販売機ショー

京王デパートにて

・コカコーラ、ルートカーセール開始（'65）
・コールドチェーン計画進む（'65）
・2ドア冷凍冷蔵庫発売（'65）
・プラスチック包装導入活性化（'65）
・屋上ビアガーデン盛況（'65）
・テトラパック入り牛乳登場（'66）
・低温きゅうり発売（'66）
・野菜の指定産地制度進む（'66）
・洋酒時代到来（'66）
・本格的な冷凍食品の発売（'67）
・即席スープ協会創立（'67）
・日本化学調味料工業協会創立（'67）
・果汁0％レモン飲料、わずかな乳分のコーヒー牛乳などうそつき食品問題化（'67）
・立ち食いうどんなどスタンド食品繁盛（'67）
・NHK「きょうの料理」にスピード料理登場（'67）

〔昭和42（1967）年〕

三愛オートパーラー

・納豆ブーム（'68）
・水稲作付面積史上最高（317ha）（'68）
・マーガリンの需要がバターを上回る（'68）
・デパート等での駅弁大会ブーム（第一次）（'68）
・学校給食に行事食（特別献立）普及（'69）
・外食券廃止（'69）
・チクロの使用禁止（'69）
・玉川高島屋開店、ショッピングセンター時代始まる（'69）
・ソフトクリーム流行（'69）
・ウイスキー貿易自由化（'69）
・しめじきのこ人工栽培に成功（'69）
・自主流通米登場（'69）
・自然食ブーム（'69）
・鶏肉とケチャップの需要大きく伸びる（'70）
・カドミウム汚染米問題（'70）

〔昭和47（１９７２）年〕

ビールメーカーの自動販売機

・農林省、ＪＡＳ法を改正、品質表示基準制度、承認・認定工場制度導入（'70）
・ファストフード日本上陸（'71）
・紅茶自由化（'71）
・ワインブーム始まる（'71）
・家庭用自動もちつき機、電子ジャー発売（'71）
・浄水器ヒット（'71）
・大豆たん白需要増大（'71）
・レギュラーコーヒー需要増（'71）
・野菜サラダブーム（'71）
・切りもちブーム（'72）
・かっぱえびせんなどスナック菓子ブーム（'72）
・ダイエットフーズヒット（'72）
・米の消費（栄養摂取ベース）が低下傾向（'72）
・キャラクター商品の景品付スナック食品ヒット（'72）
・２ドア冷蔵庫が全体の80％に（'72）

・レトルト米飯発売（'73）
・サッカリン使用禁止（'73）
・電子レンジヒット（'73）
・水質汚染による魚介類の汚染が問題化（'73）
・梅干しブーム（'73）
・インスタントスープブーム（'73）
・冷凍野菜増える（'74）
・オーブントースターヒット（'74）
・豆腐、こんにゃく、納豆など地域食品認定制度始まる（'74）
・インスタントラーメン、1人当たり年間40食へ
高度成長（'74）
・圧力釜、コーヒー抽出器ヒット商品に（'74）
・パック入りかつお節発売（'75）
・エスニック料理店の走り、メキシコ料理店開店
相次ぐ（'75）
・マグロ需要高まる（'75）

ポケットビン自動販売機

日清カップヌードルベンダー

・健康食品ブーム（'75）
・男の料理ブーム（'75）
・外食市場急成長（'76）
・お好み焼き、クレープなどスナックメニュー人気（'76）
・LL（ロングライフ）牛乳登場（'76）
・マヨネーズ、ドレッシング需要伸びる（'76）
・学校給食に米飯正式導入（'76）
・和風・伝統料理志向高まる（'76）
・ホットプレートヒット（'77）
・フードプロセッサー人気（'77）
・テークアウトずし人気（'77）
・コーヒーショップブーム（'77）
・産直ギフト人気（'78）
・コシヒカリ作付面積第1位に（'78）
・食品に賞味期間表示（'79）
・デリカ食品ブーム（'79）

〔昭和49（1974）年〕

ベンダーショップ

・飲料、デザートにトロピカルブーム（'79）
・減塩化傾向強まる（'79）
・圧力鍋ヒット商品に（'80）
・「ホワイトデー」制定（'80）
・アメリカンブーム（'80）
・宅配ビジネス活発化（'80）
・全国一斉カレー給食（'82）
・ビタミンC、E人気（'82）
・持ち帰り弁当、ビジネス街の昼食用需要増える（'82）
・揚げ物による火災増（'82）
・いけす料理店増える（'82）
・食品添加物の物質名表示義務付け（'82）
・人工マツタケ栽培成功（'83）
・カリフォルニア巻（アボカドすし）人気（'83）
・個食化傾向強まる（'83）

〔昭和52（1977）年〕

缶ジュース、オートスナック

〔付録3〕自販機ロケーション大賞

1991〜2000年

写真提供：日本自動販売機工業会

「自販機ロケーション大賞」とは、色・デザインや設置・配列方法に創意工夫を凝らし、周囲の景観や雰囲気と調和したロケーションに、1991年〜2000年の各年授与されたものである。ここでは、各年の大賞と、一部準大賞を掲載した。

〔平成3（1991）年〕

幕張テクノガーデン・アトリウム

オーナー＝㈱テクノガーデン／千葉県千葉市

グラスハウス・リフレッシュルーム

オーナー＝㈱スコープ／東京都新宿区

〔平成4（1992）年〕

キヨスク高田馬場店

オーナー＝㈱東日本キヨスク／東京都新宿区

住友商事多摩川グランド・レストハウス

オーナー＝住友商事㈱／神奈川県川崎市

〔平成5（1993）年〕

サントリーフーズ本社・リフレッシュルーム

オーナー＝サントリーフーズ㈱／東京都渋谷区

六本木ロアビル・ファザード

オーナー＝川崎定徳㈱／東京都渋谷区

岩手県立博物館・パーキング・スペース*

オーナー＝岩手県立博物館／岩手県盛岡市

恵比寿ガーデンプレース・アトリウム

オーナー＝サッポロビール㈱／東京都渋谷区

＊は準大賞。

〔平成7（1995）年〕

福岡海洋生態科学館・ホール

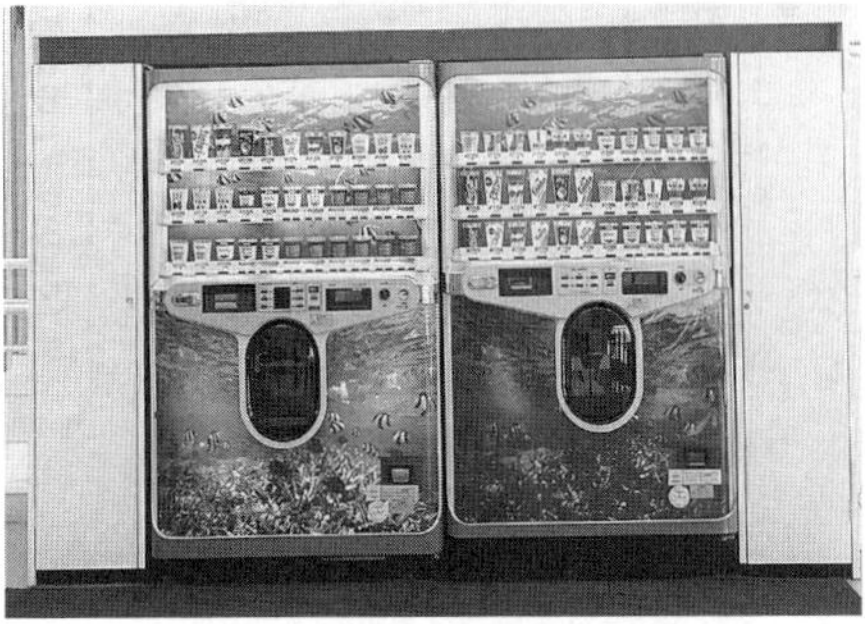

オーナー＝㈱海の中道海洋生態科学館・マリンワールド／福岡県福岡市

広島交通博物館・ホール*

オーナー＝広島交通科学館／広島県広島市

六本木駐車場・エントランス

オーナー＝川崎定徳㈱／東京都港区

＊は準大賞。

創価大学図書館・リフレッシュコーナー

オーナー＝学校法人創価大学／東京都八王子市

明治村・パーキングエリア*

オーナー＝博物館明治村／愛知県犬山市

六本木ロアビル・ファザード

オーナー＝川崎定徳㈱／東京都渋谷区

＊は準大賞。

〔平成9（1997）年〕

創価大学滝山テラス・リフレッシュコーナー

オーナー＝学校法人創価大学／東京都八王子市

大塚駅前 KM ビル・自販機コーナー

オーナー＝ KM ビル／東京都豊島区

ヒューマックスパビリオン永山・エントランス

オーナー＝ジョイパックレジャー㈱／東京都多摩市

誠志堂ワールド・ファザード

オーナー＝㈱誠志堂ワールド・ファザード／東京都港区

西葛西健康センターゆの郷・ロビー＊

オーナー＝西葛西健康センターゆの郷／東京都江戸川区

日石本館・ロビー

オーナー＝日石不動産㈱／東京都港区

＊は準大賞。

世界のタイル博物館・エントランス

オーナー＝INAXタイル博物館／愛知県常滑市

東京マックス美容専門学校・キャンパス*

オーナー＝学校法人東京マックス学園／東京都品川区

メガウェッブ・リフレッシュコーナー

*は準大賞。 オーナー＝㈱アムラックストヨタ／東京江東区

ジェイアール名古屋タカシマヤ・
リフレッシュコーナー

オーナー＝㈱ジェイアール東海髙島屋／愛知県名古屋市

丸ノ内カフェ・自販機コーナー*

オーナー＝三菱地所㈱
／東京都千代田区

大阪府立浜寺公園児童遊園・自販機ショップ

オーナー＝㈶大阪府公園協会／大阪府堺市

*は準大賞。

〔平成19（2007）年〕

食品・室内専用自販機

大塚製薬は、栄養補助食品を手軽に買うことができる食品専用の「ウェルネスベンダー」を富士電機リテイルシステムズの協力を得て開発、東名阪を中心に展開。（6.25付）

京町屋の再生を自販機で支援

近畿コカ・コーラボトリングは、売上金の一部が「京町家まちづくりファンド」に寄付される「京町家まちづくりファンド支援自動販売機」を京都市右京区のレストラン嵐山売店内に設置した。（12.28付）

〔平成20（2008）年〕

防災訓練で災害時での有用性訴求

全国清涼飲料工業会は「防災の日」に東京都総合防災訓練に参加、災害時における自動販売機の必要性や有用性についてアピールした。（9.17付）

写真提供：日本食糧新聞社
（　）の日付は日本食糧新聞掲載日

安売り自販機徐々に普及

千葉市中央区の徒歩20分圏を調査したところ、安売り自販機（中心価格100円、110円）は20台のうち4台で大学前、専門学校近くにあり、逆にたばこ屋、酒屋の自販機はすべて定価自販機だった(11.26付)。

〔平成21（2009）年〕

ピンクリボン自販機を展開

北海道キリンビバレッジは、乳がんの早期発見などの大切さを啓発するデザインを施した「ピンクリボン自動販売機」を設置､売上金の２％を日本対がん協会「乳がんをなくす･ほほえみ基金」に寄付。(10.28付)

〔平成22（2010）年〕

「名古屋ことば自動販売機」１号機設置

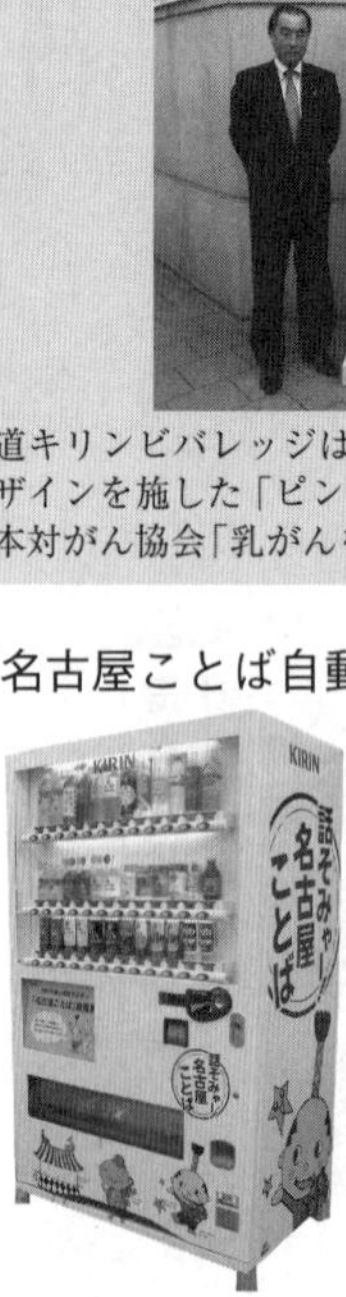

キリンビバレッジ中部圏地区本部は、飲料購入時に河村たかし市長と中部地方人気タレントの「名古屋弁」による音声メッセージが流れる「名古屋ことば自動販売機」を設置した。(3.19付)

日本初、バナナの自販機

ドールが日本初のバナナの自販機を都内2カ所（地下鉄半蔵門線渋谷駅直結の地下と、稲城市のスポーツクラブ内）に設置。(7.9付)

自由が丘森林化計画に参画

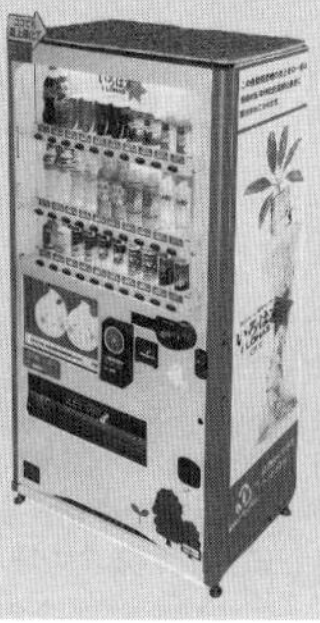

東京コカ・コーラボトリングは、「自由が丘森林化計画」第1号オフィシャルパートナーとして参画、「ルーフ緑化自動販売機」を同商店街の中に設置した。(9.20付)

コカ・コーラシステム、新型自販機を標準機に

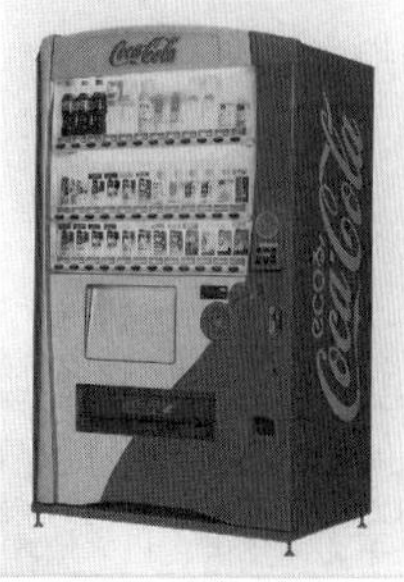

コカ・コーラシステムは、デザイン性とあわせて機能面や環境にも優れた新自販機「3D VIS」（コンツァーボトルをイメージしたデザインなど視認性を高める）を標準機として全国での導入を開始した。(12.3付)

省エネモデルのカップヌードル自販機発売

日清食品は、消費電力を従来比で約56％削減した省エネ・省スペースの新型自動販売機の開発に成功し、発売を開始した。（5.2付）

北海道四季劇場・応援自販機を展開

サッポログループ各社は、3月27日にグランドオープンした「北海道四季劇場」を応援する自販機を設置、売上金の一部を児童招待事業「こころの劇場」に協賛する。（6.8付）

アンパンマン自販機を全国展開

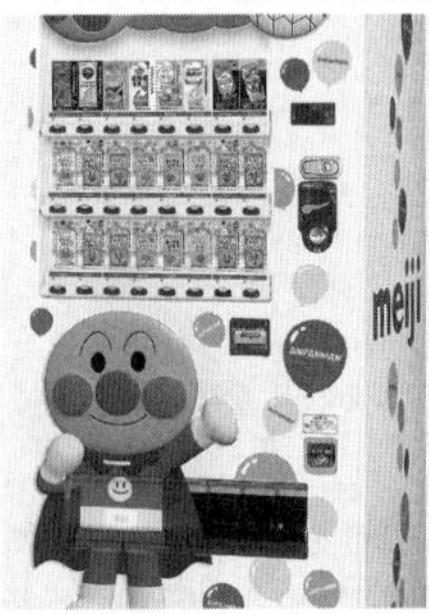

明治乳業は、ブリック飲料のラインアップを揃えた「アンパンマン自動販売機」を全国で展開、子どもたちに楽しさとワクワク感を提供する。（8.15付）

〔平成24（2012）年〕

「グッドデザインエキスポ」で次世代型自販機を披露

JR 東日本ウォータービジネスは、ポイントプログラム機能やアミューズメント機能を加えた自販機を展示し、さらなる魅力を向上させた。(8.31 付)

地域貢献型自販機登場

キリンビバレッジ中部圏地区本部は、地域貢献型自販機の第1号機をぎゅーとらラブリー津渋見店に設置、津の伝統行事「津まつり」を応援し、売上げの一部を寄贈。(4.4 付)

インタラクティブ　ハピネスマシンで楽しさ提供

日本コカ・コーラは羽田空港に最新型自動販売機を日本初導入。商品の購入だけでなく、触れて楽しめる自販機に。(4.20 付)

水の専門店で好みの水を創る

東京・田園調布に飲用・料理用の水の専門店「ウォーターポイント」がオープン。店内にある水の自販機では、軟水、中硬水、硬水、プレミアム硬水の4種類を機内で作り、用途に応じて最適な水を提案する。(6.15)

ピークシフト型自販機を開発

日本コカ・コーラが富士電機リテイルシステムズと共同開発した「ピークシフト型自販機」は、断熱性能や扉の気密性を高めたほか、電力に余裕のある夜間に製品を冷却し、日中長時間冷却を停止しても製品の温度上昇を抑制して使用電力量を削減。(7.6付)

一杯抽出型のパウダーストッカー

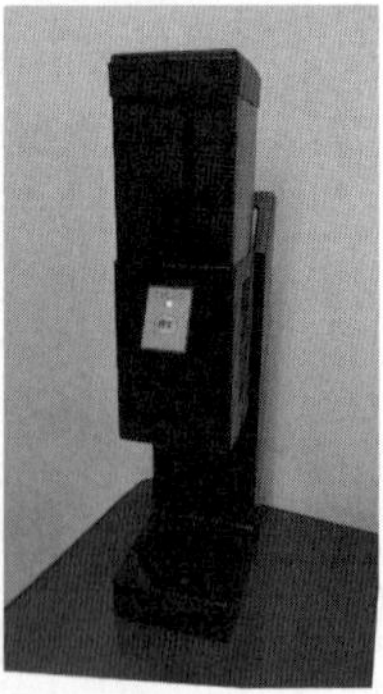

三井農林のパウダーベンダー「コナストン」は、ワンプッシュで一杯分の粉末を吐出、ポットを用意するだけの省スペースで多彩な飲料がサービスできる。ネットカフェやビジネスホテル、外食店舗などへの拡販を進める。(12.28付)

〔平成25（2013）年〕

ハイブリッドライフラインベンダー

大塚食品はライズ・アップと共同開発した「ハイブリッドライフラインベンダー」を展開。緊急災害時に飲料・食品を無償提供する従来の「ライフラインベンダー」から進化させ、商品提供が行いやすくなった。(2.18付)

ARアプリで魅力的な購入体験を

日本コカ・コーラは世界で初めて自販機と連動したアプリ「自販機AR」の無料提供を開始した。アプリをインストールしたスマートフォンのカメラをかざすと、アニメーションや放映中のTVCMが見られる。(5.6付)

〔平成26（2014）年〕

トマトのプロモーションに

「東京マラソン2014」協賛のカゴメは、大会当日までの期間限定でトマトの自販機をランナーサポート施設に設置し、トマトの運動サポート効果を最大限活用する食事トレーニングをサポート。(2.17付)

超省エネ自販機を導入

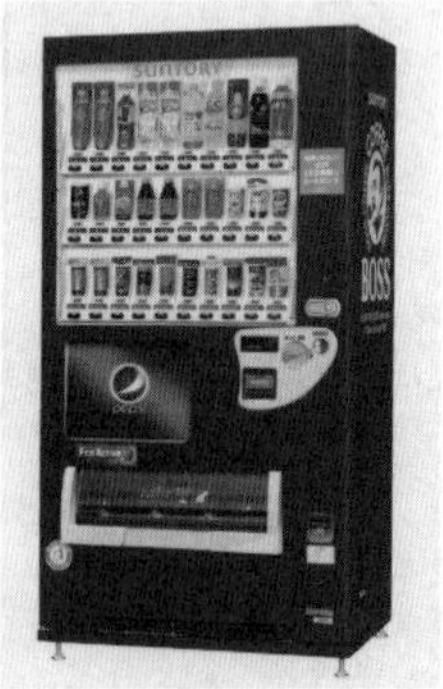

サントリー食品インターナショナルは「超省エネ自動販売機（エコアクティブ機）」を順次設置。消費電力が年間 420Kwh/y と、従来のヒートポンプ式自走販売機の約半分で国内最小。（3.28 付）

アジア向けの Twistar 発売

富士電機は中国・アジア向け新型自販機「Twistar（ツイスター）」を発売。4 種類の棚を自由に交換でき、3 温度帯での切り替えが可能。飲料や食品、タオルや歯ブラシなどの生活必需品など、1 台で最大 42 種類（すべて缶飲料の場合）の商品を販売できる。（8.22 付）

衛星システム活用し災害情報配信

日本コカ・コーラは準天頂衛星システムサービスとの共同の取組みを発表。災害支援型自販機に取り付けた電光掲示板に、準天頂衛星から送信された警告の表示（緊急地震速報、台風などの災害やテロ行為などの情報）や飲料製品の緊急時無料提供情報を配信。（11.24 付）

いのちの電話をPR

ダイドードリンコと洛和会ヘルスケアシステムは共同で企画し、洛和会音羽病院の巡回バス停留所自販機で「いのちの電話」をPR。商品選択ボタンを押すと「いのちの電話は365日24時間眠らぬ電話です」など、計3フレーズの音声が流れる。(6.3付)

デジタルサイネージ自動販売機を発表

キリンビバレッジバリューベンダーは、「デジタルサイネージ自動販売機」を発表。「LINEビジネスコネクト」の活用で、フレーム付自分撮り写真提供機能「ベンダーフォト」に、動画広告の対応、災害情報の提供、多言語対応の機能を標準搭載する。(10.14付)

レンタルアンブレラをスタート

ダイドードリンコは、自販機を活用した地域社会貢献活動として、急な雨などの際に「傘を無償で貸し出しする」サービスを試験的にスタートした。(10.26付)

マグネシウム空気電池を併設

アサヒ飲料は、巽中央経営研究所と東北再生可能エネルギー協会が実施する「飲料自動販売機併設型マグネシウム空気電池導入プロジェクト」に参画、大容量発電のマグネシウム空気電池を搭載した飲料自販機を避難場所などに設置し、ライフライン復旧のめどとなる72時間の電力供給を可能とする。(11.20付)

常温販売自販機を展開

アサヒ飲料は、ホット（約50℃）とコールド（約5℃）の2つの温度帯に加え、新たに常温（約20℃）の飲料を提供、体を冷やすことを気にする女性を中心に、需要が高まる夏に向けてビルやオフィス内を中心に設置。(5.25付)

セブンティーンアイスのサイバーベンダー誕生

江崎グリコは、「セブンティーンアイス」を買うと、「AAA」「TRF」「Da-iCE」ユニットメンバーのうち2人と一緒にダンスが踊れる大画面ディスプレイのオリジナル自販機サイバーベンダーを開発した(7.13付)。

著者の略歴　黒崎　貴（くろさき　たかし）

昭和 23（1948）年東京生まれ。
47 年東京外国語大学インドネシア語学科卒業後、平成 2 年日本自動販売機工業会入職。同会事務局長を経て、18 年専務理事、28 年退任。

本書は、日本食糧新聞社発行「自動販売機」（平成 24 年、著者同）を再編したものである。

食品知識ミニブックスシリーズ「自動販売機入門」
定価：本体 1,200 円（税別）

平成 28 年 9 月 30 日　初版発行

発　行　人：松　本　講　二
発　行　所：株式会社　日本食糧新聞社
〒 103-0028　東京都中央区八重洲 1-9-9
編　　　集：〒 101-0051　東京都千代田区神田神保町 2-5
北沢ビル　電話 03-3288-2177
FAX03-5210-7718
販　　　売：〒 105-0003　東京都港区西新橋 2-21-2
第 1 南桜ビル　電話 03-3432-2927
FAX03-3578-9432
印　刷　所：株式会社　日本出版制作センター
〒 101-0051　東京都千代田区神田神保町 2-5
北沢ビル　電話 03-3234-6901
FAX03-5210-7718

カバー写真提供：PIXTA
ISBN978-4-88927-256-7　C0200